U0206354

博物文库·生态与文明系列

THE SOIL WILL SAVE US

拯救土壤

[美] 克莉斯汀·奥尔森 著
(Kristin Ohlson)

周沛郁 译

北京大学出版社
PEKING UNIVERSITY PRESS

著作权合同登记号 图字：01–2018–1387

图书在版编目（CIP）数据

拯救土壤/ (美) 克莉斯汀·奥尔森 (Kristin Ohlson) 著；周沛郁译. —北京: 北京大学出版社, 2022.10
（博物文库·生态与文明系列）
ISBN 978–7–301–33412–6

Ⅰ. ①拯⋯ Ⅱ. ①克⋯ ②周⋯ Ⅲ. ①土壤学 – 普及读物 Ⅳ. ①S15–49

中国版本图书馆CIP数据核字 (2022) 第179723号

THE SOIL WILL SAVE US
© 2014 by Kristin Ohlson

本简体中文版翻译由台湾远足文化事业股份有限公司授权。

书　　　名	拯救土壤 ZHENGJIU TURANG
著作责任者	［美］克莉斯汀·奥尔森（Kristin Ohlson）著　　周沛郁 译
策 划 编 辑	周志刚
责 任 编 辑	刘 军
标 准 书 号	ISBN 978-7-301-33412-6
出 版 发 行	北京大学出版社
地　　　址	北京市海淀区成府路205号　　100871
网　　　址	http://www.pup.cn　　新浪微博: @ 北京大学出版社
微信公众号	通识书苑（微信号: sartspku）
电 子 信 箱	zyl@ pup. pku. edu. cn
电　　　话	邮购部 010–62752015　发行部 010–62750672 编辑部 010–62753056
印 刷 者	北京中科印刷有限公司
经 销 者	新华书店
	880毫米×1230毫米　A5　6.625印张　160千字
	2022年10月第1版　2022年10月第1次印刷
定　　　价	60.00元

目 录 CONTENTS

前言

　　我正在克利夫兰的家中后院做事，其实是在秋日的景色和气味里悠游。从黄叶间可以看到星星点点的蓝色天空，褐色的枯叶落满院子阴暗潮湿的角落，一股类似红茶的香气扑面而来。可惜清扫叶子的合奏声毁了这个平静的日子。有些院子里，吹叶机咆哮，扬起一阵阵尘埃。有些院子里，人们用耙子刮刮耙耙。我是刮耙派的信徒，挥动着老旧的塑胶耙子，耙齿断了不少根，像一只啃短了指甲的大绿手。

　　一切再平凡无奇不过，只不过我不像我邻居那样把叶子耙到防水布上然后丢进回收袋，或是拖到人行道边。我正把车道上的叶子耙回草坪，把一堆堆小山般的叶子推上泥泞的草皮，然后用耙子整平，让叶子形成一层秋天的缤纷薄大衣，覆盖住稀疏的草。我能想象我的第一任丈夫吼道："你会害死那些草！"而我会告诉他，才不会，我是想救那些草。

　　我对拥有美丽的草坪没有多大兴趣，以我的经验，女人都不太在乎草坪，而男人在乎。记得我父亲在八十多岁的时候望着他房子后面那片翠绿，叹息道："我只希望死前能有一片完美的草坪。"我们听了，觉得既可笑又心酸。他不是一直有一片完美的草坪吗？既然草坪恐怕不会变得更完美，他注定要失望地死去吗？

在我眼中，草坪向来是空白地带，夹在花圃和菜园中间。我们几十年前买下这栋房子的时候，那里的优势是全天都有阳光，但现在大部分的时间都笼罩在栎树和枫树的阴影下，偶尔还被该死的榆树遮住。我们搬来的时候，草就不大茂盛了，而我们进驻后又进一步摧残了草地。我们新建了一条水泥车道和车库之后，排水出了问题，一下雨，车库就会灌入30厘米深的水。承包商为了解决问题，挖了一条又一条暗渠，院子都给拆了（结果问题没解决），然后另一家承包商终于拆掉一切（包括车道），把所有雨水都引入了排水管。

就这样，重型机械在两年中断断续续碾过后院。如果月球是由遍布凿痕、沟沟坎坎的泥地构成，那我从厨房看出去的风景就是月球表面了。我在某一年的复活节买了一包"疯瓜"的种子给孩子们种植。藤蔓很快就覆盖了整个院子，表面带点绒毛的弯弯叶子遮掩了丑陋的景色，抚慰了我受伤的心——我满心规划花园，却只落得再度叫来推土机。应该有人试试用这些疯瓜制造乙醇，小小一把种子竟能长成那么一大片绵延不绝的植物，我真是大开眼界。

最后，我们终于种上了草和花。花开得很棒，那是一场颜色和形状组成的季节狂欢会，然而草坪依然无药可救。推土机把土壤压得太紧实。塑胶滑水道玩了太多年。在上面跑跑跳跳，踩高跷，骑三轮车，打篮球赛，次数太多。时不时被这只狗儿撒尿，那只狗儿挖掘。我结束了第一段婚姻，开始第二段婚姻的时候，婚礼上的百位来宾在那片可怜的草皮上践踏了三小时。之后，又多了两条狗在草地上来回追逐，爪子朝身后撩起一块块草皮，最后地面只剩下坑洞。还有缺水的问题。虽然克利夫兰这座城市的降雨和降雪很多，有时候仍然需要浇水，而老实说，我对草一向吝啬。

于是，现在我的草坪上几乎只有裸露的泥土。天气热的时候，地上硬得可以敲碎盘子，雨天泥泞到我宁可在倾盆大雨中遛狗，也不想把狗放到院子里跑。之后，我的第二段婚姻结束，孩子们也都搬出去了，狗儿成为我唯一的同伴，也是我仅存的常驻身边的家人。我终究也渴望有片好草坪，只为了别让狗儿满身泥。

2011 年初秋，我浏览报纸，寻找关于冬天来临前打理草坪的建议，看到草坪用的化学药剂广告，我皱了皱鼻子。我坚决反对用那些药剂，瞧瞧化学药剂让我可怜的父亲多么心碎。克利夫兰植物园有人写了篇文章，建议松土、堆肥、补种，但我的堆肥只够用在院子的一小角。我把堆肥铺在那里，每隔十几厘米就用干草叉戳一下，使土壤透透气，然后用叶子覆盖住余下的区域。这么一来，明年春天我或许会有一块好一点的草坪。《美食家》杂志写一篇特写，是关于当地一家名叫"帕克·博斯利"的餐厅。博斯利不只两度荣登这本杂志的顶尖大厨快讯，也是本土膳食主义运动的旗手，早在 20 世纪 80 年代就开始为他的餐厅寻找当地食材。他在俄亥俄州的一座奶牛场里长大，后来成为老师，然后在法国待了一段时间，突然迷上法国的菜单——法国菜单会根据最新鲜的当季食材，每季更换。

他在克利夫兰开餐厅时，也采用了这种菜单。他造访克利夫兰城外的菜摊，试吃桃子，问农夫："如果我下星期回来，可以卖我几大篓吗？"他到年轻时去过的乡间探险，敲开农家的门，说他想不通过中间商，直接买他们的猪肉、蛋或鸡肉。他劝农民试种祖传品种，让猪住到林子里吃橡子和苹果，拿几碗酸奶喂鸡，让鸡啄食凝乳。不久，他就建立了一条地产食物的供应链，既供应他的餐厅，也供应克利夫兰周围如雨后春笋般冒出来的农夫市集。我采访他的时候，他餐厅里的食物几乎都来自当地。他影响了克利夫兰附近的小农场，帮助许多小农场维持下去，甚至扩张。他知道西班牙托莱多附近有户人家正要开始做羊奶奶酪，也知道用怎样的法式屠宰法可以切出更好的肉块，甚至认识在意大利学习制作萨拉米香肠的那个田纳西州青年。

每当我写食物类的文章，需要新题目时，都会打电话或写电子邮件给博斯利，他会让我知道有什么新鲜事。某一天，他告诉我："碳农业。这是新趋势。"

他解释说，小农中有股新潮流。他们知道所有农牧生命的基础都是土壤，不论是养鸡还是种玉米，养猪还是种菠菜，养牛还是种桃子，都一样，因此他们正在改变处理土壤的方式，动作有大有小。有时他们自称为土壤农，有时自称为微生物农，他们很清楚土壤里有数十亿的微小生物，他们看不见，但科学家说这些生物正在土壤里工作。有时他们自称为碳农，他们知道让土壤更肥沃、更湿润、颜色更深的，是碳。有些农人一直密切留意科学家的研究，这些科学家说，这样的做法可以通过光合作用加速除去大气里的二氧化碳，减缓甚至扭转全球变暖。相信全球变暖的农夫以这样的做法为荣，不相信的（许多农业界的人至今仍然不相信）看到他们的土地、作物和牲畜生机勃勃，也会感到激动。

我在动笔写这本书之前，花了几年追踪其中一些科学家、碳农和碳牧人的活动。我参加他们的研讨会，读他们的博客和科学论文，考察他们的试验地，吃他们的产品，跟我的朋友唠叨他们的事，写文章介绍他们。土壤中的生命让我惊叹不已，我这才知道我们站在地球的表面时，脚下其实有个微生物的广大国度，少了这个国度，我们所知的生命就不可能存在。即使是我家那一小块后院，土里也有好几兆的微生物，宛如挤满细小生物的黑暗海洋。我站在地上，想到脚下有那么多事情正在发生，几乎有点发晕了。

我学到的一个法则是：光秃的土地会饿死土壤中的微生物。这些微生物需要活的或死掉的植物提供糖分、碳水化合物和蛋白质等食物。微生物偏好茂密而多样、正在生长的成丛植物（在土里的根），不过干掉的生物质也可以让微生物维持生存，直到新鲜多汁的"食物"再度出现，所以我才心生一计，把叶子耙到光秃秃的草坪上。我的微生物在冬天若有枯叶可以啃，或许就可以撑到春天，然后钻进土壤，在地下建立黑暗的聚落，再度欣欣向荣，也让草坪透透气。这么一来，或许草坪到下个春天就更容易发芽、吸水了。

也可能不会——要让我的草坪恢复生机，或许需要更复杂的处理，正如要恢复土壤中的碳需要更复杂的工作。不过这是我的小实验，我只希望不会有邻居看到我院子里有一堆堆叶子，就派儿子过来把叶子耙拢，就像不时有邻居过来铲我车道上的雪一样。除非对土壤里的惊人生命略有所知，否则把叶子堆在草坪上实在没道理。

第一章
碳都到哪去了？

俄亥俄州立大学沃特曼农业与自然资源试验所的 87 号田曾经是一座农场的一部分。19 世纪，拓荒者在俄亥俄州中部的密林中砍出这块地。他们种了玉米、小麦和燕麦喂马；种了裸麦酿威士忌；种了亚麻，和羊毛混纺成麻毛织品给男人穿；种了苹果，其中也许还有"苹果佬"约翰。查普曼带到俄亥俄州一些品种，此外大概还有十来种作物。肥沃的土壤让他们有充裕的食物可以吃，可以分享一点给邻居，甚至可以卖给偶尔出现的陌生人。他们从土里捡起箭头和石头珠子，遥想着曾在这富饶谷地活跃过的古代原住民。

沃特曼一家是最后一代在这块土地上耕作的人，当哥伦布市逐渐包围农场时，这家人决定把地交给俄亥俄州立大学。时至今日，农场留下来的就只有十来英亩①的土地，周围是一块块

---

① 1 英亩 ≈4046.86 平方米。——译者注

带状森林，更外围是新的都市峡谷。附近车辆川流不息，数百只鸟在田地上空时而俯冲时而盘旋，形成了不和谐的背景。

这些土地不曾受到推土机摧残，几位土壤科学家可以在这里进行实验。在湿冷了几个星期之后的某个又湿又冷的冬日早晨，瑞坦·拉尔（Rattan Lal）载我去看那里长出了什么——假如有东西长出来的话。他担心时候太早，他们的试验作物还没从湿透的土壳中冒出来。

不过他从大学的货车走下来，蹚过泥地上的水坑时露出微笑，伸手指了指。"有东西在长！"87号田，一排排新生的玉米就像一排排细小摇曳的绿色羽毛，正朝城市天际线伸展。

拉尔是俄亥俄州立大学碳管理与碳封存中心（C-MASC）的主任，这个中心吸引了世界各地的研究者，我们周围都是他学生的实验品。这工作拉尔已经做了五十年，如今的他一头白发，高大优雅，戴着灰边大眼镜，已经不再掘土。

即使如此，这片田地的种植者仍仰赖拉尔在职业生涯早期极为重视并推广的方法，来让土壤更肥沃，并防止土壤遭到侵蚀。首先是免耕法。我在加州的农业谷地长大，我喜爱犁田的韵律、大地上刻画的优雅线条、新开垦的富饶神秘的土地。我特别喜爱俄亥俄州的农耕。2012年我拜访拉尔的时候，还住在俄亥俄州，从乡村小径上驶过，可以看到农民用一队队蹄子毛茸茸的高大马匹犁田。不过犁田其实会破坏土壤结构，导致土壤中的碳（土壤中的碳是易碎的黑色物质，世世代代农人都明白这代表最好、最肥沃的土壤）暴露在空气中，和氧结合，生成二氧化碳飘走。因此，犁田的机器会在根系和前一年作物的残茬间撕开裂口，然后才能投入种子。这是一片没有犁沟的田。

第二个差异是，我从克利夫兰南下时，道路两边那上千英亩的土地仿佛一捆捆干净的褐色灯芯绒布，87号田中则散落着枯叶和玉米秆的碎屑。去年秋天，这里作物的残茬没有烧掉，也没有让人拖去喂猪或送去乙醇厂，而是切碎撒在地上。残茬留在地上能减少侵蚀，夏天则能降低土壤的温度。残茬也能提供食物给蠕虫和其他生物，这些生物能够松土，使土壤更肥沃，让土壤有更多孔隙、更能吸水。

拉尔弯下身，用细长的手指敲了敲一层半腐烂的玉米秆，手背上"om"字样的刺青在微弱的阳光下淡淡泛蓝。他把作物的残茬推到一旁，检视土壤，说："看到下面的土没有龟裂吧？土壤有残茬覆盖保护，就不会被炙热的阳光照到，就不会那么干。你看——"他把手指插进松松的一堆土里，"这里，你可以看到，生物吃掉了作物残茬。这是生物的排泄物，除了让土变松，也能让它更肥沃。蚯蚓可以把叶子拖到深达3英尺①的土中。"

他的目光投向远方，说："你看田里，土壤表层没有水。这里的土壤会吸收水分，水就不会流走或是形成水坑。"

我记起我开车南下时，公路两旁田里有前一晚雨水积成的

---

① 1英尺≈30.48厘米。——译者注

水潭。而这片田地就像巨大的褐色海绵，那些水都藏在我们看不到的地方，留在大地的孔隙中。

某种我看不到的东西吸引了我，把我带到这里和拉尔见面，这就是土壤所含的碳。拉尔这位土壤科学家始终牵挂着全球最贫困的农民（他在贫困的农民间长大），一心想帮助他们种出更好的作物，不让他们的土壤流失。在这个过程中，他发现土壤会因为犁田和土地管理不当而失去赋予生命的碳。碳散失到空气中，不只对数百万贫困的农民造成冲击，给发达国家的数千农垦公司造成困难，还会严重加剧全球面临的威胁：增加大气中的温室气体含量。其实直到 20 世纪 50 年代，空气中过剩的二氧化碳大多还是源自人类对土地和森林的不当开发。

拉尔虽然不再掘土，但依旧忙碌。他大部分的时间都飞来飞去，在世界各地的研讨会上讨论土壤碳和全球变暖的关系。他的倡议是，我们必须竭尽所能，避免失去历史悠久的土壤碳，并且要尽一切可能增加、保留土壤里的碳。他也把这个倡议提交给美国国家气候评估及发展咨询委员会（NCADAC），他是其中唯一的土壤科学家。其他土壤科学家虽然知道土壤碳和全球变暖之间的关联，但并没有积极向外界提出倡议，也没有积极地解释土壤研究的重要性。

20 世纪 90 年代早期拉尔是美国土壤学会（SSSA）的会长，他说："就连我也不擅长做这种事。有一天，我对一群人解说一些事情的时候，我说'这又不是火箭科技'，事后我想了一下，我当时应该说'这又不是土壤科技'！"

虽然 87 号田与他家在印度的 2 英亩的农场差异很大，却唤起了他的记忆。他父亲会用一队阉牛犁田，然后他和父亲坐在一块木板上，让牛拉着他们前行，把田整平。他们在太阳下晒麦子，之后赶阉牛，让阉牛把麦子拖过地面，把麦粒脱出来。他们清洁麦粒的方式是扬起麦粒，让风吹去灰尘和麦壳。

他们住的村子都是泥砖房，没有电，连马路都没有。由于没人有剃刀，附近也没有理发师，因此男人都蓄胡须。有个理发师每个月来村里一次，替大家理发、刮胡子，换取米和麦子。每家都有一头乳牛，他们把牛奶做成酸奶，这是他们的主食。乳牛死了，屠夫会把牛皮做成皮鞋（他们都是虔诚的印度教徒，绝不会想到杀牛来吃）。拉尔说："头几天皮鞋很硬，穿着脚疼得厉害。脚总是起水泡。有时候我们干脆提着皮鞋走动。"

农场的收成勉强够他们糊口，但城市里饥荒肆虐。农民生产的食物不足以喂饱所有人口。拉尔以科学家的眼光回顾过去，才明白正是他们几百年来的耕作方式注定了产量低下，并且不断减产。有问题的不只是犁田，更大的问题是，村民向大地索取，却从来不回报——他现在称之为"榨取式农耕"。他们收集田里作物的残茬，拿到炉子里烧，或拿到市场卖钱。他们收集阉牛的粪便，干燥之后也拿来烧。如果作物残茬和牛粪都留在田里，土壤会变肥沃，但农民会更穷。拉尔说："作物残茬和牛粪都很宝贵，我们都拿走了。即使现在，那里也不会有人把那些东西留在田里。那对贫农来说仍然很贵重。"

他七岁的时候，有个小贩骑自行车来到村里，以两便士的价格替人刺青。拉尔不记得他怎么会有两便士，总之他请小贩在他手上刺了"om"字样的刺青，这个梵文的意思是"创造之声"。他看着那又黑又肿的小小一块皮肤，觉得这不值两便士。小贩答应在他上臂刺上他名字的缩写 RL，代表"瑞坦·拉尔"。男孩儿当时不会念英文，这两个字母对他毫无意义。

不过他知道"om"这个词。他祖父是印度教的祭司，男孩儿知道四十种瑜伽姿势，也知道怎么吟诵对应的梵咒。家族原本希望他继承祖父的教士之职，但小拉尔不只懂得那些梵咒，也很擅长数学。家人最后决定送他去德里的大学。一天，他在走廊游荡的时候，和蹲在门边的年轻人聊了起来。那人是个小厮，替别人跑跑腿，就赚得到钱。拉尔问他能不能也帮他找份小厮的工作。就在这时候，一辆吉普车停到大学门外，车身上有闪亮的"俄亥俄州立大学"字样。拉尔问："这里有美国人啊？"

小厮点点头："他们会发奖学金呢。"

几年后，拉尔得到奖学金，靠着印度政府给的八美元旅行津贴来到俄亥俄州。他一直觉得这是一大笔钱，最后才发现，光是一晚的住宿费就远远超过这个数目。他循着掌声走进大学的一条走廊里，探了探头，发现满房间的国际学生，这才找到栖身之地。里面有人戴着他家乡旁遮普的头巾，他们邀他同住，等他经济自立了再搬走。之后是更多的奖学金、奖项和恩师，足以保证他前途光明。拉尔说："我很幸运，碰上天时地利人和。"

多年之后，他才碰到事业上第一个重大阻碍。他得到土壤科学的博士学位之后，受雇于尼日利亚的国际热带农业研究所（IITA），洛克菲勒基金会成立了 15 家研究所，这正是其中一所。他在这个研究所工作了 13 年，努力寻找可持续发展的农耕方式，希望取代尼日利亚和许多非洲人使用的方法。

非洲人和他印度村落的农民不同。印度农民在同一片田里耕作多年，非洲的方式则称为"游耕"或"刀耕火种"农业。他们用大砍刀在森林里清出农田，烧掉树木，为土壤提供养分。他们在农田种玉米、薯类和甜瓜，直到地力耗竭。由于非洲许多地区的土壤既老又薄，在坚硬的底土上面只有 1 英尺左右的理想土壤，按农业学家的说法，就是根系深度很浅。农田的养分耗尽之后，他们便休耕 15 ～ 20 年，等待地力恢复。不过随着人口增加，原始森林都已经变成农田，到处都是没有生产力的老田。拉尔的任务就是帮他们恢复土壤的肥力。

拉尔在试验田里清出几块区域，但前几次尝试几乎一败涂地。他彻底整地，甚至把树根拖出来，做得比当地农夫更绝。然后他建造梯田，控制水流，接着犁田。他种下玉米、豇豆和稻子，事情看起来很顺利。但他的董事会要来视察成果的前一天晚上，两小时内下了 4 英寸 ① 的雨，他的试验田只有一块完好，因为上面覆盖着厚厚的作物残茬，其他则全被冲走，只剩土里凹陷的水沟。

---

① 1 英寸 ≈2.54 厘米。——译者注

他请董事会推迟视察时间，不过他也从失败中学到了教训。他发现犁田会搅动土壤，使土壤容易受到侵蚀。犁田也会破坏土壤的结构，也就是砂、粉砂和黏土的内部结构。空气、水和养分因这结构而得以循环，而这是蚯蚓和其他生物在数十年中建立起来的。他准备下一批试验田的时候，尽可能不搅动土壤。有些土地他是徒手清理的，有些土地用机器砍下森林的地上部分，有些用化学物质杀死植物，后两种方式都不动到根系。他在一些实验田里播下覆盖作物的种子，这些作物通常不是种来吃或贩卖，而是为了在休耕时期施肥、保护土壤。他替一些作物铺上厚厚的覆盖物，想证明作物残茬的碎屑能防止试验田被雨水冲蚀，并保护富含碳的珍贵表土。

他的目的是让他的试验田保有跟原始森林土壤一样的碳含量，然而他一再失败。他似乎就是无法克服某些困难。在严重风化的古老土壤中，黏土细得像粉末，它和碳的结合不像其他土壤那么紧密。他虽然没用犁，但用机器在地上挖洞、播种，仍然压实了土壤，搅动了土壤结构。虽然他盖上了作物残茬，却似乎不足以增加土壤肥力——在中非的酷热下，作物残茬分解迅速，土壤生物几乎没机会吃到作物残茬。此外，这整个行动的目的是找出某种耕作方式，让当地人轻松效法，然而当地人就像他家乡的村民，只要作物残茬可以拿去卖或是喂牲畜，就不会想拿来覆盖在田里。

拉尔说：“他们不在乎明年的田会不会更肥沃。他们根本无力在乎明天的事。”

　　路过的访客常会去看拉尔的成果，当地甚至建了观景台，让访客能将他试验田所在的100英亩土地尽收眼底。1982年的某一天，在当地访问的某位著名科学家经过那里，研究所请他给拉尔提供建议。两人一同看了试验田。地表龟裂得像老旧桌面的亮光漆，也和亮光漆一样硬邦邦的。土壤呈红色，这是碳被淋洗掉的迹象。

　　接着拉尔把他的访客带到森林，用铲子翻起一块土。在那里，土壤的颜色很深，土质松脆且有蚯蚓。森林里土壤的碳含量是2%～3%。拉尔的试验田只剩下不到一半。

　　访客问："你觉得碳到哪去了？"

　　拉尔惨兮兮地说："我才不管碳到哪去，我想把碳放回去。"

　　不过这位访客是罗杰·雷维尔（Roger Revelle），这位海洋学家很早就发现了大气中二氧化碳及其他气体浓度的增加跟地球气候变迁之间的关联。1957年，他和化学家苏斯以此为主题，为《地球》期刊写了一篇文章，警示人们：排放那么多碳到大气中，是在拿环境进行可怕的实验。拉尔没读过这篇文章，他并未察觉他所目睹的土壤碳流失跟雷维尔注意到的大气中二氧化碳浓度持续攀升有关。

　　这时拉尔对我说："雷维尔是伟大的科学家，是巨人。他向我解释，我失去的一些碳进入了大气，增加了温室气体的量。之前我从不了解土壤和气候之间的交互作用，但从那时开始，我不再只专注于土壤。"

　　1987年，拉尔在俄亥俄州发现，由于雷维尔的成果，美国农业部（USDA）和环保局（EPA）已经开始注意这种交互作用。他和几位科学家组成了一个土壤碳和全球变暖的研究小组，努力探索两个大问题：美国和全球已经失去多少土壤碳？有可能恢复这些碳吗？

我们很容易误以为土壤碳流失是相对比较现代的灾难，是穷国人口剧增、富国实行工业化农业的结果。然而事实并非如此。人类的生活方式一从狩猎采集转变为农耕，就开始改变土壤和大气中二氧化碳的自然平衡了。定居农业大约在10000至13000年前发源于世界各地的大河谷地区，比如底格里斯河、幼发拉底河、印度河和长江。公元前5000年左右，人类开始制造简单的种植、收割工具。最早的工具只是挖掘用的木棍，不过在公元前2500年，印度河河谷已经有人用动物来拉犁了。

犁田看似没有害处，而且带着抚慰人心的田园气息，尤其是用牛或马来拉犁的时候。不过拉尔在2000年的一场演讲中指出："由于在自然界中，没有东西会定期、重复地翻起15至20厘米深的泥土（犁田就会翻到这么深），因此植物和土壤生物都没有经历这么剧烈的搅动，也无法适应。"现代的机械化农业加重了这个问题：重型机械把土壤压得更紧实，也就需要犁得更深，才能松动土壤。更多土壤被翻起，暴露在空气中，土壤碳接触到氧，生成二氧化碳，散逸到上层大气中。而这些碳可能已经藏在地下几百或几千年了。

畜牧也打乱了碳平衡。在人类驯养反刍动物之前，这些动物成群结队在大草原上漫步，啃食草和其他植物，同时撒下大量肥沃的粪便作为回报。它们害怕掠食者，因此紧紧聚在一起，待在一个地点吃草的时间也绝不会太长。然而人类放牧的模式造成了剧烈的变化。动物不再游荡于平原上，而是被栅栏限制在一小片区域中，或在牧人与狗的保护下自在地吃草。在围起的区域中，牲畜会把地上的草吃得一干二净，而且有牧人守卫，它们也不再需要提防掠食者，因此它们会在同一个地方晃荡，久到足以将植物的根拔起来。

然而，放任牲畜把草原吃成光秃秃的地面，会阻碍一种伟大的生物过程，也就是当初把碳大量储存在地下的光合作用。植物吸收空气中的二氧化碳，把二氧化碳跟阳光结合起来，转化成植物可以使用的能量，也就是碳基糖。不是所有的碳都会被植物消耗，有些是以腐殖质的状态储存在土壤中，这个稳定的碳分子网络能在土壤里留存几个世纪。拉尔指出，腐殖质（humus）和人类（human）有相同的词根。土壤里的碳有许多好处，它让土壤更肥沃，让土壤形成蛋糕般的质地，内部含有许多小气室。富含碳的土壤可以缓解干旱或洪水：下雨的时候，水被土壤吸收、留住，而不是积成水潭或流走。健康的土壤也富含微小的生物（一汤匙的土中就多达60亿），可以分解随着雨水渗入土壤的毒素和污染物。拉尔认为，农民不该只因为种植作物而得到报酬，由于健康的土壤对环境有益，他们也该因为维护健康的土壤而得到报酬。

除了光合作用，没有其他自然过程会持续从大气中移除那么多的二氧化碳。人类若要以同等的规模移除二氧化碳，不是所费不菲，就是无法保证安全。光合作用能调控作为生命原料的碳进入土壤的稳定循环，并产生生命赖以维生的另一种气体——氧气，因此对我们星球上的生命而言，光合作用是最基础的自然过程。

拉尔和他的同事发明了一种简单的方式，用来估计美国和全球土壤失去了多少碳。我到 87 号田找他的时候，他指着紧邻试验田一侧的黑森林边缘，说："那片森林是我的基线。我们计算这块试验田和附近地区的土壤失去多少碳的时候，就是拿那片森林的土壤来比较的。"

他得到了美国环保局、农业部和能源部（DOE）的经费，与世界各地的研究人员合作，比较了森林地区和农耕地区的碳。按他的计算，俄亥俄州在过去两百年间失去了 50% 的土壤碳。不过世界上农耕历史达一千年的地区，土壤碳流失的量远高于此，高达 80%，甚至更多。总体来看，全球的土壤失去了 800 亿吨的碳。不是所有的碳都跑到天上去了，一些碳被冲进了水里。但即使现在，散逸到大气中的碳仍有 30% 是由滥用土地而产生的。

而大气中二氧化碳的浓度已经达到十分惊人的程度。2013年，科学家计算出大气中的二氧化碳浓度是 400ppm，而许多专家认为，大气中的二氧化碳浓度应该比这数字低 50ppm，才能有适合人类生存的稳定气候。世界各地都设计、运用了许多清洁能源技术，减少现代生活方式下排放的二氧化碳，从化石燃料到风能、太阳能、生物质能、波浪能，甚至有个异想天开的计划，要利用人群体热的能量去补充发电厂不足的发电量。人类也用了许多策略来减少消耗的能量，包括提高天然气汽车的燃料效率、建造产能超过耗能的住宅和办公室。

然而这些措施都无法实际减少大气中自古累积至今的二氧化碳含量。据说有有效的应对方案，却很昂贵——环保局有个计划，捕捉大气中的碳，注入深井中，每吨的花费是六百到八百美元。大自然母亲有套低科技方案，虽然在政策制定者眼中没那么迷人，不过不花一分钱，那就是光合作用，以及随着光合作用自然产生的土壤碳。

这是我们伟大的绿色希望。确实，我们必须继续减少化石燃料的使用，用不太浪费能源的方式生活，但我们也得和光合作用合作，不能与光合作用对着干，这样才能从大气中把超量的碳抽离出来。农人、牧人、土地管理者、城市规划者，甚至有院子的人，都得尽力让植物欣欣向荣，不要有大片光秃的土地，毕竟不毛之地无法进行光合作用。我们得照顾数十亿的微生物和真菌，它们会和植物的根交互作用，将碳基糖转换成富含碳的腐殖质。我们还得保护那些腐殖质，别让风、雨水、不当开发和其他干扰因素给侵蚀了。

拉尔说这办得到，而最有机会的，就是耕作了数千年、损失了最多碳的地区，也就是撒哈拉以南的非洲地区、南亚和中亚，以及中美洲。

他说："土壤里的碳就像一杯水，我们已经喝了多半杯，但我们可以把更多水倒回杯子里。有良好的土壤，就能扭转全球变暖的趋势。"

良好的土地管理措施每在土壤中增加 1 吨的碳，就意味着大气中减少了 3 吨二氧化碳。拉尔相信全球的土壤每年可以封存 30 亿吨碳，使大气中的二氧化碳浓度每年下降 3ppm。不过和我交谈过的其他人对改变的潜力远比拉尔乐观（尤其在我找的人离学术界越来越远之后），他们说这目前还是新观念，科学才刚触及。

拉尔的研究中心和世界各地的试验田合作（除了俄亥俄州，还有非洲国家、印度、巴西、波多黎各、冰岛和俄罗斯），针对如何除去空气中的碳、重建土壤里的碳进行研究，寻找不同气候与土壤条件下的土地管理措施。他和同事解决了在全球各地的生态系统中——包括早些年让他几度失败的尼日利亚——重建土壤碳的问题。由于各地的微气候各有不同的历史和条件，因此他们采用了各式各样的方式。有件事放诸四海而皆准，那就是必须建立政治意愿。然而由于种种因素，要改变现状很困难。

拉尔写了几百篇论文、几本书，其中包括《美国农田碳封存、缓和温室效应的潜力》，这本书克林顿总统以及联合国《京都议定书》美国谈判代表团手中也有。拉尔曾六度在美国国会就此问题发表演说。2011 年，他就出席了七场国际研讨会，解说土壤和气候之间的关联。然而拉尔的构想在政策制定者之中并没有激起多少后续行动。

拉尔说："土壤研究对政客没有吸引力。我跟他们提二十五年的持续性计划，而他们关注的事每四年就会变一次。"

不过拉尔和其他土地利用先驱的想法激发了许多远见者的兴趣和行动。我们目前正在经历农业的文艺复兴。人们开始关注用健康的可持续发展的方式生产的食物，对这类食物的需求因此大增，美国的小农数量也在大萧条之后首次增长：2002 年到 2007 年，小农场的数量增加了 4%。这些新的农人通常有大学学历，采取的种植、养殖方法受到顾客认可。他们减少使用或不用肥料、杀虫剂、除草剂、荷尔蒙、抗生素和其他化学物质，并且让牲畜吃草，也就是让牲畜吃它们演化以来就一直吃的食物，而不是其他食物。这些农人常常惊讶地发现土壤变了，颜色变深了，碳含量也变高了。其中有些农人毫不在乎全球变暖，他们是受到美国农场局联盟（AFBF）的影响，这个跟产业相关的联盟宣称，七成的农民不相信人类造成了气候变迁。不过也有许多农民兴奋地发现，他们的腐殖质有助于封存大气中过剩的二氧化碳，他们变成平民科学家，实验"种植碳"的新方式，也成为创业者，努力思考这种新"作物"怎么让他们获利。

环保团体也注意到土壤减缓气候变迁的潜力。2010 年，世界观察研究所发布了一份报告，说明土壤和气候之间的关系。美国国家野生动物联合会将全球变暖视为对野生动物最大的威胁，并在 2011 年提出一份报告，主题是能够减缓气候变迁而"对未来友善的农业"。关心环境问题的团体担心，一旦通过土地利用管理来对付全球变暖，要求能源业与制造业减少二氧化碳排放的压力可能就会减弱，因此还有顾忌。不过人们对全球变暖和土壤碳之间的关联了解得越来越多，这些知识正让环境运动发生变革。

这些知识也改变了我对土壤的看法。我的祖父辈是农民，父母热衷园艺，我小时候常听到他们讨论自己和别人的花园，那是我成长的背景音。我们每次开车出去，都会停下来几次，到路边欣赏某户人家的九重葛或瓶刷子树。每次去州里其他地方，都会绕道几次，去他们最爱的果园。不论我父母住在哪里，总是有精心打理的花床、一大片菜园，还有成堆的堆肥。我母亲都九十出头了，但若有客人把茶包丢进垃圾桶，她还会惊慌地从椅子上挣扎起身，说："我们是这样做的。"其实那时我父亲已过世好几年了，已经没有"我们"了。她会把茶包的线拉开，挖出茶渣，然后把茶包放进她收在水槽下的陶罐里。她住在老人公寓，有一块 3 平方英尺①的土地，她还会为那块地做堆肥。她在临终的前几天一言不发，家人试图和她交谈都徒劳无功，直到我兄弟戴夫喊道："妈，我刚种下了西红柿！"她用手肘把自己撑起来，喃喃地说："黑樱桃西红柿吗？"之前我从农夫市集买了一篮黑樱桃西红柿回家，她从此迷上这个品种。那是她的最后一句话，几小时后她就过世了。

所以我的出身使我重视土壤以及和土壤打交道的人。我最早是从一位名叫柯林斯的农夫那里听到拉尔的事，他采用拉尔

---

① 1 平方英尺 ≈0.093 平方米。——译者注

和其他科学家的方法，改造了他的土地，接着成为土壤碳的传道者。我和柯林斯通电话的时候，他听起来总是上气不接下气，一部分是生理因素——他通常正把他的牛从一片牧地赶到另一片，或是在处理栅栏，然后跑进来接电话。不过另一部分是兴奋——自己和其他人竟这么巧发现了对世界真正重要的事，而且他们最好加快脚步，让大家听他们介绍。

但愿我能质疑全球变暖，说准确一点，应该是全球气候变迁，因为工业革命之后，地球的大气温度虽然确实升高了 8 摄氏度，不过并不表示各地都变暖了。其实各地的气候都变得更反常，极端气候（例如暴雨和干旱、洪水和火灾）发生的次数增加了。我渴望成为所谓的"气候变迁否认者"，但科学不让我如愿。几十年前，科学家就开始追踪大气中二氧化碳的增长。数值节节上升，不过随着世界各地的天气越来越温暖、越来越怪，出现了更不祥的数据。环境学者兼作家比尔·麦吉本（Bill Mckibben）2012 年在《滚石》杂志上发表了一篇发人深省的文章，他写道，2012 年 5 月是"有记载以来北半球最温暖的 5 月，全球温度已经连续 327 个月超过 20 世纪的平均温度，而这纯属偶然的概率只有 $1/3.7 \times 10^{99}$，分母的数字远远大过宇宙星球的数目"。

不过就这样拍板定案却很可悲。读到北极熊因为冰原逐渐消退而淹死，或听见气象学家一季季地预报飓风增加了，年复一年地宣告当年是有记载以来最热的一年，我总是心惊不已。异常温暖的冬日或异常寒冷的春天让我开心不起来，总觉得四季的更迭打乱了。在爱看的杂志里看到全球变暖的报道，或在小说、电影里看到气候变迁的情节，我都会深深叹口气。既然需要重大的政策改变，而政策制定者似乎无法做出果敢的决定，那又何必去想呢？一般人的作为显得微不足道。

不过从二十五年前我第一次读到全球变暖的报道以来，第一次觉得有希望。土壤可以拯救我们。我真的相信。

第二章
光与暗结合

人类并不是第一个造成气候变迁的物种。最早的"污染者"是蓝细菌（蓝绿色的水生光合细菌，后来演化成植物），大约在29亿年前它们开始改变我们大气中的气体平衡。我们的星球当时差不多16亿岁，还很年幼。

地球上的生命如何形成，科学家各执一词。有些科学家认为地球之外的微生物乘着彗星或小行星撞上地球表面，将生物的种子撒在只有岩石和水的荒凉地表，这些生命进而演化成我们今日所知的生命形态。另一些科学家，如哈佛大学的马丁·诺瓦克（Martin Nowak）博士则认为，生命起源自原生汤，其中的矿物质彼此作用，最后形成化合物。有些化合物变得比其他化合物更强，最后一个或多个化合物分子发生了改变一切的革新：因内部有某种模式编码而得以自我复制。生命的定义就是会改变、会繁殖。在这一刻，生命开始了，地球早期的化学促成了生物学。

　　谁也不确定这些早期的生物形态是在什么时候形成或到达地球的。印第安纳大学的生化学家卡尔·鲍尔（Carl Bawer）博士欣然接受了几次电话采访，一次，他向我解释："这一切发生在太久以前，分子的记号已经不见了。"有个理论认为，早期的地球受到大灾难冲击，最初的生命形态因而绝迹，而科学家甚至无法完全确定最早的生命形态至今是否仍然存在。不过大部分科学家相信，古细菌在地球过去的高热环境中演化出来，是最早的生命。这种简单的单细胞生物存在于深海热液喷口附近，而原生汤的温度非常高。

　　古细菌是我们最初的亲戚。猴子呢？我们位于地质时间图谱的末端，挤到只能坐在彼此的腿上！

　　不过古细菌占据了这个星球吗？古细菌靠着深海喷口附近的化学物质维生，但这种食物来源不足以让它们变得更大、更复杂。不过突变使地球最初的族群多样性大增，这些不同的竞争者为了生存而繁殖、扩张。细菌在 35 亿年前演化出来，也存在于海中——海中很安全，因为当时大气中还没有足够的氧气去阻挡太阳致命的紫外线，保护生物。在某个时刻，一个细菌发生了另一种革新，这种革新有朝一日会使地球在我们这巨大的宇宙里变得与众不同。这个细菌在海面下几英尺的地方浮沉，和同类竞争资源，发展出一种把阳光（可以算是无尽的资源）变成食物的机制。光合作用就这么开始了。

　　2001 年，鲍尔的实验室发现最初的光合作用生物是单细胞的紫细菌。紫细菌在世界各地仍有很多，从我们脚下的土壤到冰封的南极，再到华盛顿州的索普湖，都有紫细菌。索普湖水面下几英尺的水会周期性地变成酒红色。这些生物先驱发展出用色素捕捉光能的程序，并从硫夺走电子，如此就有能量把太阳能转换成细胞能量。紫细菌是用略显紫色的叶绿素来捕捉光能，这种叶绿素的结构类似血红素，也就是让我们的血液呈现红色、把氧气送到我们体内各处的色素。紫细菌及其后代被称为"光合自养生物"，意思是这种生物会吸收太阳的能量来产生自己的食物。

数百万年的时间里，这种形式的光合作用是地球上最先进的科技。紫细菌生长旺盛，唯一的限制是在水中接触到的阳光有限。那时有太多紫细菌在水中载浮载沉，因此我们古老的海洋有些地方看起来应该是紫色的。接着，一种称为蓝细菌的生物再次改变了这个过程，造成了重大的影响。这次，蓝细菌的对象是水，也就是地球上最多的分子。蓝细菌夺走水分子中的氢，释放氧气。圣路易斯华盛顿大学的生物学家希马德利·帕克拉西（Himadri Pakras）说："这些光合作用生物在开始把水当作电子来源的那一刻，就胜券在握了。地球的水资源非常丰富，它们在哪里都可以生存。它们接管了地球。"

地球的氧化就这么开始了，若非有巧妙的光合作用意外制造出氧气，地球会像火星一样光秃秃的，不适合居住。在这些光合作用生物登场之前，大气是令人窒息的状态，混合了氨气、二氧化碳、氧化硫、甲烷，而氧气仅仅占2%。蓝细菌在数千年间把氧气提升到今日的 21%，在这个比例下，我们可以舒适地生存了。这场大氧化在地球的地质上留下了确凿的证据：氧的活性很强，于是开始从二价铁离子中带走电子，在岩石中留下不可溶的三价铁形成的锈红色条纹，这和金属生锈时发生的过程相同，科学家由此可以确认这个事件起始的时间。不过，当时那个氧化的星球也不适合我们今日所知的生命生存。陆地上没有东西可吃，除非所有的生命形态都以细菌为食，或是像海底的古细菌一样吃化学物质。光合作用的下一次重大演化（以植物为先驱）才创造出理想的环境，能给我们和其他动物提供空气和食物。

植物也起源于海洋。事情始于 16 亿年前，一个藻类生物吞噬了一个蓝细菌，获取了蓝细菌以阳光产生能源的能力。这些光合藻类也像蓝细菌一样，也在之后将操作系统调整得对自己有利。这次藻类利用的主要色素是绿色的叶绿素。由于绿色叶绿素会吸收阳光里高能的蓝色和红色波段，因此植物的叶子变成了地球上最早的太阳能板。充足的太阳能使植物成为第一批非常成功的多细胞生物（一开始很可能是简单的藻类用保护性的丝状体包住一串细胞，从而形成了多细胞生物），最后得以累积生物量，演化成郁金香、马铃薯和高大的红木。

除了水和阳光，植物和蓝细菌也需要二氧化碳分子。植物从叶子上的孔洞吸收二氧化碳，这些孔洞称为气孔。植物捕捉到阳光之后，就拆开二氧化碳分子，抛弃氧气，留下战利品碳。植物用吸收自阳光的能量把这些碳转化成高能量的糖类，供自身使用。植物体内的每个细胞都含有叶绿素，都能进行光合作用，即使花也一样（我们认为花是叶适应的结果）。虽然花用艳丽的色素吸引授粉昆虫，因此我们看不见花中的绿色，但花朵含有的叶绿素足以进行少量的光合作用。疙疙瘩瘩的树皮看起来就像轮胎胎面，一点都不绿，但即使树皮也会进行光合作用。

虽然我们人类总幻想自己是聪明的物种（的确没错），但聪明的我们还没有发明出足以和光合作用相提并论的东西。光合作用产生的碳基糖是构成生命的结构单元，而由于动物吃植物，有些动物吃其他动物，因此碳基糖也是地球上几乎所有生物的食物链源头。不论我们人类吃的是莳萝泡菜还是油封鸭，我们都在吃植物用阳光制造的碳基糖。植物和蓝细菌也是海中食物链的源头——在海里，维持其他生命的重担主要落在蓝细菌身上，蓝细菌随波逐流，将阳光转化成碳基糖，养活了 200 种浮游生物和其他生命形态。

不过，因为植物会渗漏，它们还独立维持了另一个世界，也就是我们脚下的世界，我们竟然不曾留意的那个黑暗王国。下面的这个世界可能占了我们全球物种种类的 95%。这是土壤微生物的世界，从你的花园或都市的公园、公路旁杂草丛生的土地上挖起一茶匙的健康土壤，眼前就会有大约 10 亿到 70 亿个生物，数量取决于土壤的健康状况。科学家推测，那一茶匙土壤可能含有高达 75000 种细菌、25000 种真菌、1000 种原生动物，还有 100 种叫作线虫的细小蠕虫。科学家不断想出更理想的方法寻找微生物，因此微生物的数量在不断升高。我小时候最爱的书是苏斯博士的《荷顿奇遇记》，讲的是一只叫荷顿的象突然听见一个细小的声音，那声音来自一小撮灰尘，告诉他有个极微小的村庄（无名镇）有了危险。我记得书里画了一个不大的村庄。那一茶匙土里的无名镇比较像墨西哥城。想象一下，一杯健康的土壤里有多少微生物啊，比从古至今的人类还要多。

植物世界和这个地下国度的关系，始于海浪把植物冲上岸，而植物努力在新天地活下去。这时，太阳、风和雨已经替土壤准备好了三种基本"建材"，体积由小到大依序是黏土、粉砂和砂。它们都是从地球的岩石表面剥落的细小颗粒。蓝细菌很早就在陆地落脚了，除此之外，还有另一种新演化出的生物：真菌。这种生命形态既不是植物也不是动物，却兼具二者的特征。这些生物一直在分解岩石，以得到矿物质，同时，也已经发展出让养分在彼此之间循环的互利关系，而真菌（这时主要是腐生真菌，也就是以死亡生物为食的真菌）让这些新的生命形态不会被自己的有机废弃物闷死。掠食者也出现了，在这些生物中加入另一重养分循环。当有根的陆生植物在淡水池塘中演化出来时，微生物学家伊莱恩·英厄姆（Elaine Ingham）博士称为"土壤食物网"的系统就已经在运作了。

英厄姆在 2011 年至 2013 年担任宾州罗岱尔研究所的科学主任，她说："在植物往下生根，把自己固定在一个地方之前，这种养分循环已经持续了数百万年，已经有现成的系统，所以植物不需要演化出从岩石得到养分的方法。植物只需要端出合适的糕点，也就是风味正投其所好的根部分泌物，微生物就会生长并制造酶，从砂、粉砂和黏土中把植物需要的养分溶解出来。"

生命历史上最伟大的生物合作就这样开始了，这是互利共生和共同演化的奇迹。这样的合作关系提供给植物足够的养分，让植物能在没有水体保护的艰苦环境中生存，产生更复杂的生物量，让绿意在陆地蔓延。而微生物从植物那里得到宝贵的碳基糖、蛋白质和碳水化合物（名副其实的生命万灵丹，最早的超级食物），为终将演化出来的动物铺路。

或许植物一开始就渗漏出碳基糖，而细菌嗅到盛宴，把生意迁到附近开张。也可能是植物为了吸引微生物而渗漏碳基糖，因为这并不是微生物单方面从辛勤工作的植物那里吸取养分却没有回报。植物和土壤微生物在一千年中发展出复杂的交易网络，植物把多达 40% 的碳基糖导向根部，微生物则像披萨外送员一样把各种矿物质送到门口。植物需要这些矿物质来建构生物量，制造生理活动所需的酶，吃植物的生物则需要这些矿物质来构造健康的身体。澳大利亚生态学家克里斯汀·琼斯（Christine Jones）称这种共生为"最早的碳交易方案"。

之后演化出的菌根（菌根的英文 mycorrhizae 来自希腊文，*myco* 是"真菌"之意，*rhizae* 是"根"之意，俗名叫菌根菌）使得合作关系变得更复杂、更互惠。在那时，最复杂的植物是多产的草本植物（会长出穗的那类），不过这些草本植物的能量资源不足以让自己继续向前迈进。菌根的真菌一开始可能寄生在根部，用细小如线的菌丝穿透植物的根，吸出细胞质。这些真菌"发现"（描述时很难不加上意图！）与其害寄主植物死亡或虚弱，不如把养分储存在根的内部，再取得碳渗出物作为报酬。由于菌根菌的菌丝分布得又远又广，可以用养分连结整个植物群落，因此植物被刺穿之后不但活了下来，而且长得更茂盛了。植物有了这种真菌根系，就能把更多能量用在生殖方面，并朝阳光伸展，于是出现了灌木和乔木。

我们从大约四亿年前泥盆纪早期的化石上可以看到，保存下来的植物根部包覆着古老的菌丝。而菌根菌和植物交换养分的方式，和今日完全相同。科学家估计，地球上约有 80% 的植物根部和这些隐藏的伙伴交缠在一起。

不过地下的生命要比以上情形复杂得多。我一直以为植物是靠根部吸收养分，不需要微小的盟友。如果之前有人跟我说真菌刺穿了我心爱的香蜂草或萱草的根部，我一定觉得那是个问题。人们是在多久之前知道了我们脚下有这些复杂的关系和交易系统在运作呢？

说真的，没有多久。

17 世纪的安东尼·范·列文虎克（Antonie van Leeuwenhoek）是最早看到并描述细菌的人之一。他根本不是受过训练的科学家，而是荷兰布商，不过曾担任测量师和品酒师，也是代尔夫特市的市政官员。他和有趣的人交往，是画家维梅尔的托管人。他的头脑活跃，有摆弄机器的天分。当时有一本畅销书，展示了鸟类翼羽、昆虫和其他自然物在复合显微镜下的影像（复合显微镜是使用一个以上透镜的显微镜），他受到启发，决定试着自己做显微镜。他做了超过500座简易显微镜，其中有些放大倍率超过200（同时代的复合显微镜放大倍率为20或30，相较之下，200倍的放大倍率十分惊人）。他是最早看到微生物那个看不见的世界的人。他什么都看！看湖里的东西，看血滴，看他自己的粪便样本，看自己和两个从不清洁牙齿的老人的牙垢。他观察这种"像奶蛋糊一样浓稠的白色物质"，有以下发现："那时我在上述几种物质中几乎都会惊奇地看到许多非常小又活跃的微型动物在可爱地动着。最大的那种……动作大而迅速，像白斑狗鱼一样迅速穿过水中（或唾液中）……第二种……时常像陀螺一样打转……数量远远多过最大的那种。"他在一个肮脏老人的牙垢里看见"多到不可思议的活跃微型动物，我从来没看过微型动物游动得这么敏捷。最大的那种……把身体弓起来前进……此外，另一种微型动物数量惊人，多到水……似乎都活了起来。"

　　然而之后许多年，这些观察也没有让人了解细菌或其他微生物扮演的角色。人们大多认为他们在土壤中看到的古怪生物对植物有害。不过从19世纪末开始，科学家观察得更仔细了。事情源于一群德国林务官。他们一心想种松露，于是说服了德国植物学家艾伯特·伯恩哈德·弗兰克（Albert Bernhard Frank）研究树木，帮他们想办法繁殖这种珍馐。弗兰克挖起森林土壤，在树木的根部旁发现了真菌菌丝的丝质茧状物，其中一些菌丝的体积只有植物根部的 1/60。虽然人类毫不知情，但这些菌丝会将健康的土壤联结在一起（1 立方英尺中的菌丝可长达 320 英里）。弗兰克观察到，从纠缠的菌丝中长出的树木很健康，他开始怀疑真菌不是在攻击植物，而是在帮助植物。他做了实验，把植物种子种在森林土壤里，而其中有些土壤经过了消毒。相较于富含真菌和其他微生物的天然森林土壤，种子在消过毒的土壤里长得比较差。

弗兰克的结论虽然没有被普遍接受，但其他研究者继续研究世界各地的土壤，想知道菌根菌的分布有多广泛。他们发现菌根菌从热带到高山地区无所不在，唯独人类搅动过的土壤里没有，例如矿场或其他失去表土的地区。

科学家继续描述、定义土壤微生物，但没人花太多时间研究为什么土壤里有微生物。这些东西肉眼看不见，无法引起大部分人的兴致，因此科学家可能很难找到研究的赞助者。这种研究也很难进行。科学通常是从一个系统里取出一部分来做研究，不过土壤中的微生物属于复杂的系统，其实无法抽出来单独了解。大约 99% 的土壤微生物都无法在实验室中培养研究，或许是因为这些微生物只有处于原地的生态关系网中才能生存。

要等到 20 世纪 80 年代，我们才开始了解微生物的地下世界。那时生物学家戴夫·科尔曼（Dave Coleman）大力推动他在科罗拉多州立大学的自然资源生态实验室（NREL）开展研究。他聘请了微生物学家伊莱恩·英厄姆做博士后研究，而她开始研究数据。实验室每周开一整天会，英厄姆和实验室的其他成员逐渐了解到土壤生物——不只是细菌和真菌，还包括在我们脚下忙碌工作的所有生物，并为此兴奋不已。

英厄姆说："从来没人问这些生物为什么会一起出现在那里。"她面容坚毅而友善，在我的想象中，20世纪30年代沙尘暴中直挺挺承受黑色暴风的少数人就有这样的长相。她谈论土壤生物时，有着无尽的热情。她问道："为什么土里有原生动物？它们有什么用？我们知道原生动物会吃细菌，但吃细菌有什么了不起的用处？对植物有哪方面的帮助，形态上还是形状上？"

实验室最后发现，需要一个村落才能养好一株植物。从百子莲到杜鹃花，秋海棠到醉鱼草，老鹳草到波斯菊，整个植物王国之中，只要盯着一株健康的植物，你看到的就是地面下有座村庄正在根的周围勤奋地生产，确保植物得到所需的一切。

多么迷人的世界！我从英厄姆和其他人那里越来越多地知道我们自己黑暗的那一面，而我正站在那一切活动的上方，不由得感到晕眩。我小时候喜欢仰躺着把脚搭在墙上，想象我身处一个上下颠倒的世界，在天花板上走动，踏过门口，进入另一个房间。认识土壤里的生命也一样，世界从此天翻地覆了。大多数人觉得所有的活动都发生在地面上、空气中或水里，而地面之下的泥土既没动静也没有生命——植物的根当然是例外。

不过下面其实生机勃勃。植物的根可以钻到200英尺深的地方。即使是我们种在公园里和草坪上的某些草，在健康的状态下，根部也能深入地下15英尺，而每一毫米的根都闹哄哄地聚着忙碌的微生物。地下深达 10 英里的地方也能找到微生物的踪影，这些生物会开心地吃掉石油，石油公司必须小心，不让这些生物污染深处的石油矿穴。

英厄姆将土壤微型生物分成五大类：真菌、细菌、单细胞原生动物、细小的线虫，以及微型节肢动物（甲壳纲及昆虫的亲戚）。这些微型生物和肉眼可见的土壤居民（蚯蚓、甲虫、田鼠之类的动物）组成了英厄姆口中的土壤食物网。土壤食物网比食物链更复杂，但没那么脆弱。这些地下世界的居民就像我们地上世界的居民一样，以无数的方式互相联结、彼此依赖。

真菌和细菌离植物根部最近，就像猪排排站在食槽前面，等着得到自己的碳基糖。它们在根附近聚集得十分紧密，几乎形成了一道无法穿透的屏障，阻挡埋伏在附近、试图攻击根部的土壤病原体。这屏障不只是被动阻挡，真菌甚至能抛出绳索似的菌丝，包围、勒死闯入者（例如以根部为食的线虫）。植物可是真菌和细菌的衣食父母，保护好植物对它们大有好处。

同样，由于真菌和细菌带给植物的营养是植物无法用其他方式得到的，因此把真菌和细菌留在附近，喂饱它们，让它们繁殖增多，对植物也大有好处。真菌和细菌都会分泌酶，把黏土、粉砂、砂以及岩石与基岩上的矿物质释放出来。惯行农法会为作物施加钾这种矿物质，但除此之外，微生物、植物和食用植物的生物都需要极为多样的养分才能生生不息。英厄姆说，她读小学时，学生学习的必需养分清单列出了三种营养素，她上高中时，这数目已经增加到 12 种，她在研究所时是 18 种，之后又增加到 32 种。她说："这份清单会持续增加，直到我们将周期表上所有的元素都列上去。所有元素都很重要。地球上有钇是有原因的！我们需要的量不大，不过我们很可能需要一些。"

真菌把这些矿物质（可能甚至包括钇）储存在植物根部的细胞壁之内，不过细菌搜寻、摄取的矿物质需要食物网的其他成员参与，才能让植物利用。植物对于这些矿物质的形态非常挑剔，即使把钴或硫（都在必需营养素的长串清单上）的细小碎片放到植物根部附近，也是徒劳。这些养分必须经过生物作用，植物才能利用。矿物质被细菌吞食，细菌进而被植物根部附近的原生动物、线虫或微型节肢动物吞食，之后这些较大的猎食者在植物的根部附近排泄，这时矿物质才会变成植物可以利用的化学形态。到那时候，植物才能靠着简单的扩散作用吸收养分。

植物所需的无机物都从土壤中获得，只需要微生物的介入（完全不需要人类）。但有两个例外，这两种极为重要的养分来自空气。植物完全靠自己从空气中获取碳。氮是另一种必需的养分（我们的大气中有 78% 的氮），不过植物无法靠自己从空气中取得氮。这时植物又需要微生物伙伴帮忙了。苜蓿、羽扇豆、豌豆和洋槐这些豆科植物会吸引某类细菌，这类细菌能把大气中的氮转化成植物能吸收的形态。豆科植物死亡、分解时，储存的氮会散布到土壤中，当地的整个植物群落都能利用。

所以地下有不少"披萨外送员"。许多外送员会送来泰式食物或墨西哥式的玉米粽（就像我现在住的俄勒冈州波特兰市的社区，有对夫妇把这些食物放在车子后座的保冷箱中贩售）。这景象让我想起《波吉与贝丝》这部歌剧的一个场景：街上贩卖草莓、蜂蜜和螃蟹的小贩阻塞了街道。你还可以这样想：植物有点像 20 世纪 50 年代在等待清洁用具推销员的家庭主妇，不过并不是被动等待，而是会召唤特定的细菌搬来自己所需的无机质货物。英厄姆用的比喻是，植物用自己的碳基糖准备了各式各样的糕点，吸引带着特定养分的细菌。植物可以改变或增加输出的碳基糖，向特定的微生物伙伴招手。

不同的植物需要不同的微生物伙伴，差别可以非常大（甚至还有地区差异，只要想想非洲和美国大型猫科动物的差别就知道了）。菌根菌和许多植物合作，而且菌丝能延伸 250 码[①]，连结不同植物，在整个植物群落之中分享自己的矿物质商品。不过细菌比较专一。有些细菌只吃特定的碳基糖，只会聚集在少数几种植物周围。这些细菌虽然不像匍匐美女樱蛾（非匍匐美女樱不吃，只要那种植物短缺，这种蛾就濒临绝种）那么挑食，不过在地下的生态系统中确实也扮演比较专一的角色，决定了某几种植物的健康。退化的原生地很难恢复，原因就在此。我们或许能更换长在那里的植物，或至少换掉其中的一些（自然状态下的植物多样性很可能比我们所知的更丰富）。不过在退化的土壤里，植物的微生物伙伴已经灭绝，这样植物还能生长吗？不大可能。

---

① 1 码 =0.9144 米。——译者注

　　土壤细菌对生存条件也很挑剔，这些条件取决于温度、湿度等因素。虽然植物的根部周围可能聚集着数十亿的细菌，但这些细菌并非同时活动。温度升高，或干旱、洪水来临时，某些细菌的数量会减少，由其他细菌递补。

　　就这样，土壤微型生物提供食物给植物，也保护植物不受掠食者攻击。土壤微型生物的一个关键作用是在土壤中形成一种叫土壤团聚体的细小的结构，控制地下的水和空气流动。

　　细菌抓住一小块黏土、粉砂或砂，用富含碳的黏胶（原料是植物的糖类）把自己黏上去，形成极小的团粒状的土壤团聚体。细菌之所以这么做，原先是要避免被土壤中移动的水给带走，就像我们牙齿周围的细菌会产生黏胶，也就是菌膜和牙菌斑，把自己黏在原地。细菌把更多微粒（可能是另一块粉砂，也可能是一小块腐烂的植物组织）黏在自己身上，形成细小的结构，既能保护自己，以免被其他生物吃掉，也替空气和水制造了空间。细菌和我们有许多共同的需求，需要吸入氧气，吐出二氧化碳。如果土壤里没有这几十亿形状难看的团粒制造空隙，细菌就会窒息而死。

　　接着真菌上场，收集一些细菌团粒，制造出自己的扭曲团粒，将繁殖部位藏进去，以免被微型节肢动物吃掉。健康的土壤里有数十亿这样的团粒，它们堆积在一起，各自产生空间，让空气和水缓缓通过。团块形成的空间容纳水分，土壤中所有的生物都能取用。脚踩泥土的时候，别觉得自己是站在坚硬无生命的物质上，想象一下你是站在活生生的珊瑚礁那样多孔、充满生机的东西上。

从前我在克利夫兰的后院挖掘时，铲子常常一铲进黏土里就被卡住，因为我的力道冲击而晃动不已。我曾经挖起黏土，几乎就是你在陶艺课上捶打、揉捏的那种黏土。那就是土壤缺乏微生物团粒的例子。在微观的尺度上看，黏土颗粒的形状是棒状。没有微型生物去扰乱这些棒状颗粒，去把颗粒黏合成三维的雪花结构，黏土颗粒就会紧密相压，形成铲子、空气和水都无法穿透的屏障。所以黏土是理想的防水材料，可以用于各种地方，从陶器到房屋都可以。全球有高达半数的人还住在黏土盖的房屋里。

你还可以把类似的矿物质颗粒（例如黏土和粉砂）想象成纸张。平放时，它们会形成又密又沉的一叠，但如果把每张纸揉成一团，同样数量的纸张就会占据更大的空间，而且更透气。

含砂量大的土壤会有另一个问题。砂的大颗粒不会阻碍水流动，但颗粒之间的空隙太多，也没办法留住水分。这时微生物和真菌的团粒就会变成土壤里的微小水坝，留存珍贵的水分。若地表没有水坑，也没有水分的明显迹象，我们通常会觉得地是干的。我们会说那是干燥的土地。然而地表之下是个水世界。微生物在土壤团粒之间和团粒内的水膜上移动。虽然这些生物在亿万年前已经离开大海，却仍然在微小的水道上滑行穿过土壤。

事实上，富含微型生物、团粒密布的健康土壤就像海绵一样留住水分，缓慢地释出水分给植物，也释出水分给河流和小溪。健康的土壤在干旱时最能保护作物，也是各地抵御洪水的最佳武器。土壤也是地球最早的净水系统——微生物会攻击并清除水中的污染物，最后让纯净的水流进溪流或地下蓄水层。

人们赞扬健康土壤的价值，将这些益处（干旱时的保护、防止洪水、净化水质）视为生态系统的功能，讲得好像种植健康的食物这件事还不够重要！近年来，随着人们对全球变暖的恐惧加深，他们又加上了另一个生态系统功能：碳隔离。

我们总以为温室效应是现代的难题，不过几世纪以来，科学家一直不了解是哪些因素控制着地球的温度。19 世纪初，法国科学家让·巴普蒂斯特·约瑟夫·傅立叶（Jean Baptiste Joseph Fourier）写道，地球的温度"理应比在极地观察到的更低一点"，因为我们从太阳得到的热能应该会散逸到太空中。他根据自己的研究，指出我们的大气就像隔热毯，能替我们保暖。19 世纪稍晚一些，约翰·适德尔（John Tyndall）在英国皇家科学院进行了实验，证明数种大气气体（包括水蒸气和二氧化碳这两种现在已知最重要的温室气体）可以吸收、散发辐射热，控制地球的温度。1896 年，瑞典科学家斯凡特·阿伦尼斯发表论文，说明大气中二氧化碳浓度的改变或许能解释地球冰期和温暖期的循环。他还写道，人类燃烧煤，或许会影响二氧化碳的浓度。1938 年，英国工程师盖伊·斯图尔特·卡伦德（Guy Stewart Callendar）以这个观念为基础，指出燃烧化石燃料、二氧化碳浓度上升和全球温度上升之间存在关联。

燃烧化石燃料虽然会让更多二氧化碳飘散到大气里，但过去大部分科学家都认为海洋会吸收过剩的二氧化碳。然而 1959 年，瑞典科学家伯特·波林（Bert Bolin）和艾瑞克·艾瑞克森（Erik Eriksson）发表论文，指出二氧化碳虽然被海洋上层吸收了，但大部分却会在安全沉入深水之前飘回大气中。1958 年，美国气象局（USWB）的首席科学家哈利·韦克斯勒（Harry Wexler）取得经费，开始在夏威夷莫纳罗亚天文台建立一座永久观测站，并指派年轻的化学研究员查尔斯·基林（Charles Keeling）负责监测二氧化碳。基林发明了一种准确测量大气中二氧化碳浓度的方法，判断二氧化碳浓度是 310ppm。2005 年他过世时，数值已经升到 380ppm。到了 2013 年，数值是 400ppm。

即使奇迹出现，我们立刻停止使用化石燃料（我们到目前为止一直缺乏勇气和远见，无法取得有意义的进展），这层二氧化碳仍然会笼罩在我们头上。这称为遗留量，虽然终究会消散，不过得花上千万年，来不及扭转地球迅速暖化的趋势。几位科学家和企业家研究出从天上除去这遗留量的办法，然而（至少到目前为止）他们的主意不是有着吓人的限制条款，就是昂贵到永远无法取得经费。

不过，我们就活在庞大的生物机器里，而这机器就可以处理二氧化碳的遗留量。没有这个机器，构成这个世界的一切都不会存在。我们数千年来在不经意间阻碍了这个机器的运作（下一章会有更详细的解释），不过在我们眼耳所不能及的地方，这机器一直在运转，移走空气中的二氧化碳，将其转化为珍贵的资源。而且这机器做这些事还完全免费。

真菌和细菌吃掉植物根部内或附近的碳基糖之后，碳不会就这么消失。被吃下的碳成为真菌和细菌身体的一部分。真菌菌丝带着这些碳钻过土壤，仿佛菌丝是铁路轨道。真菌死亡时，广布的碳网络留在土壤里，让其他生物啃食。其他微型生物吃下真菌和细菌时，也把碳纳入自己体内。真菌和细菌也分泌碳基糖排泄物，因此就连消化作用也会让储存的碳散布到土壤中，直到它被更小的生物吃掉。碳不断在土壤食物网中循环，每次被吃掉、被排泄，富集程度就更高。通过分解的过程，土壤生物不断制造出更长、更复杂的碳链。就这样，植物用阳光制造出简单的"糖浆"，其中的碳基糖最后被纳入或许有另外 10000 个碳原子的长链，碳原子又和氢、氧及其他养分连接。碳链愈变愈长，土壤的颜色也因为这些碳而愈变愈深。

这些碳链有名字吗？就叫"有机物"。"有机"这个词由于被营销人员用在各种事物上，从桃子到冷冻披萨到化妆品，无所不在，所以变得很模糊。数百年来，土壤化学家用"有机物"这个词来指称拥有碳链的化合物，这些化合物都含有植物利用阳光制造的能量。20 世纪 40 年代，罗岱尔（罗岱尔研究中心的创办人）用"有机"来称呼他为了改善健康而吃的营养食物，这个词才变成健康、天然食物的同义词。罗岱尔深信，要生产优质的食物，农业就必须和自然合作，去制造富含碳的土壤。

随着土壤生物吃进碳基糖然后将其排出，碳链也变得愈来愈强，也就是愈来愈难进一步分解。这个过程最后产生了所谓的腐殖酸，成分只有碳、氢和一点氧，能吃的东西几乎丝毫不剩了，因而这些碳可以被锁在土壤中好几百年。不过当土壤科学家谈到土壤有机质或腐殖质的时候，他们指的不只是腐殖酸，也不是园艺中心卖的那种一包包的东西。美国农业部北达科他州北部大平原研究实验室的土壤微生物学家克里斯廷·尼科尔斯（Kristine Nichols）说："土壤有机物不止一种东西，而是几千到几百万种。既是单糖，是细菌细胞，也是细菌、真菌和其他生物产生的废弃物。我们称为'腐殖质'的，其实是一系列不同的分子。"

土壤中的微型生物和我们一样会呼吸，也会吐出二氧化碳。所有进入土壤的碳（来自碳基糖和植物残茬，以及所有分解这些东西的微型生物），只有一小部分以腐殖酸的形式半永久地固定在土壤中。尼科尔斯指出，这比例仅有 1%～10%。不过，腐殖酸会在土壤里留存数十年或数百年，甚至数千年，不会在几个月内就回到大气中。

我们回头看看拉尔的构想，他认为用这种方式把碳固定在土壤里可以扭转全球变暖趋势。但如果土壤固定碳的比例只有 1%～10%，那么我们是不是得把极大量的碳放进土里，才足以影响大气中温室气体的遗留量？

过去一千年来，人类对大地做的，就只有夺走土壤里的碳、减缓碳回归土壤的速度，如此一来，拉尔的构想怎么可能实现呢？

第三章
牛群上场

有头牛顶着宛如无弦大弓的牛角，将尖突的一端朝一只黑面山羊挥舞，山羊刚刚冲到它面前咬了一口草。牛仿佛怒气冲冲，摇晃着灰色的大脑袋向东走，引得一排母牛跟在它身后。

索卡（Slka）迅速中断了我们的谈话，跑到四散的牛群的前方。他没像一般的牧人那样挥舞棍子、丢石头，甚至没叫喊。这支草食动物楔形队伍（500头牛加上700头绵羊和山羊）的管理方式和津巴布韦的任何地方都不同，甚至索卡的曾曾曾曾曾祖父也不会这样管理畜群。这里盛行动物之间的礼仪。叫喊和挥舞棍子会给牲畜压力，这样牲畜就不太可能兴旺繁殖，于是索卡只站在任性的牛群前方，两手叉腰，厚重的连身服在南非冬日金黄的田野里是一柱瘦削的绿意。母牛在他面前停下，若有所思地咀嚼，深色的眼睛凝视着他，然后漫步走回牛群。

索卡再次跪下，把草往后折。有些草太干燥，咔嚓咔嚓地折断了。他用颇为"丰富"的英文词汇说："我们一次、一次又一次赶着牛群迁移。它们吃个不停，但不会吃太多。"

我点点头。

他转过身，指向他身后一块光秃的地面，那里干燥坚硬，表面平滑得像蒙尘的陶罐。牛漏掉了这块地方。"水落在这里，就会咻地流走！"他双手挥向周围的草原，一想到水从地面流走，脸上就露出忧伤的表情。接着他指向畜群之前走过的一片区域，牛只在他和其他牧人的敦促下前进。一些草被啃食，其余的被踏倒在地上。一堆堆粪肥在茎秆之间热气腾腾。草丛之间零星裸露的土地上，兽蹄在土壤里凿出小小的半月形凹痕。索卡微微笑了，他说："这里的水会不断深入土里。土地会复原。"

这方面的事，理论上我大部分都知道，但还是很享受他的特别指导，他可是每天都在实践艾伦·萨弗瑞（Allan Savory）的土地治疗法。那天稍晚些时候，我回到维多利亚瀑布附近的"非洲整体管理中心"，和我同桌的都是去那里学习或教授萨弗瑞法的人，我向萨弗瑞本人求教，告诉他索卡试图教导我的事。

萨弗瑞哈哈笑了。他拨弄着短短的白胡子，说："我曾带津巴布韦的水资源部长来这里，让他站在草原的一棵树下和我们的资深牧人谈谈，旁边就是一座水潭。看到这位受过良好教育的部长向完全不识字的牧人学习，十分有趣。牧人用自己的话告诉他，那池水正是牛蹄子造成的。牧人终究说服了他。如果我们这里哪天进入稳定的政治时期，就能开始复育这个国家的河川。"

在讨论农业和土地利用时，恐怕很难找到像萨弗瑞这么有争议、反传统的人。我第一次见到他时，甚至被他的外表吓到。他个头瘦小，而我原以为会看到一个彪形大汉。我在两天前才到达中心，在那之前，我在维多利亚瀑布机场沮丧地待了三个小时。另一个名叫克里斯的外国人在当天下午稍晚些到达，中心搞混了，所以没人来接我。在美国时，有位旅行经验老到的朋友曾经警告我，别跟津巴布韦的机场官员说我是新闻工作者，"他们可能找你麻烦"。不过随着一架架飞机上的旅客到达，再由导游带着离开，我开始怀疑罗伯特·穆加贝（Robert Mugabe）的手下猜到了我的秘密。

最后中心终于有人来了，把我安置到宿舍中，那是专为访问学生而建的，舒适又阴暗，我真想待在室内补个觉。但这是我生平第一次到非洲，非洲耶！虽然司机告诉我，萨弗瑞接下来几个小时都没办法见我，但我非去探险不可。我戴上草帽，踏上从中心向外延伸的一条泥土路，司机在我后面朝我大喊："别走太远！我们在丛林里，附近到处都是动物。"

我停下脚步。"有什么动物？"

他伸出四只手指："五大动物除了犀牛，其他的都有：象、狮子、豹和水牛。"

于是我在中心附近游荡了一阵子，欣赏优雅的当地建筑。这片区域中央有两栋大大的圆形茅顶屋，一栋是餐厅，一栋是教室。墙壁是当地的石头糊上一种泥建成的，萨弗瑞之后告诉我，那种泥取自草原里巨大的圆锥状蚁巢，白蚁在那种泥里混入了自己的唾液。两栋建筑上都高高地搭着雅致的茅草屋顶，从附近割来的茅草风化成银色，底部切成扇形，顶端还有装饰用的草制小罩盖。接着我走远了一点，经过另一栋正在建造的圆形茅顶屋，这一座的茅草屋顶还是金黄色。我后来才知道，狮子有时会在建造中的圆形茅顶屋附近出没，我恐怕走得太远了一点。

最后，我在盖着茅草的阳台上和中心的几位客人一起坐下来。午后的阳光开始斜照，我们想要喝点酒。中心的酒水在餐厅的冰箱里，自助贩卖。这时一对夫妇走向桌旁。我看过萨弗瑞夫妇的书《整体管理：决策的新架构》，认出女士正是书封上萨弗瑞美丽的妻子乔迪·巴特菲尔德，然后意识到她的男伴想必是萨弗瑞本人。萨弗瑞拄着长拐杖，让我想到穿着卡其布衣物的沙漠长老。其他人都把腿盖得好好的，他却穿着短裤，裤管下露出棕色的瘦腿和一双光脚。我穿着运动鞋，在中心附近还觉得干草尖锐刺人。我问他为何光脚。

"我用脚来阅读大地。"他回答时脸上带着顽皮的笑容。"我在新墨西哥的时候，会光脚在碎石上跑步，免得脚变嫩了。"他告诉我，他晚上爬上床的时候，妻子有时会听见古怪的搔抓声，结果通常是扎在他脚上的棘刺勾住了床单，而他对此毫无感觉。

萨弗瑞1936年出生在非洲。那时的非洲在夜里仍听得见鼓声及大型动物走过灌木丛的声响，他至今念念不忘。当时津巴布韦还是英国殖民地南罗得西亚，以南非政治家兼商人塞西尔·罗得斯（Cecil Rhodes）的名字命名，白人占人口多数。不过萨弗瑞年少时对国家政治不像对野地那么有兴趣。他父母是土木工程师，常常要开车进入荒野，检查水坝或其他设施。他的叔叔有座牧场，小萨弗瑞尽可能待在那里骑马、打猎，即使被送去李树中学这所英国皇家军事学院的生源学校寄宿，仍乐此不疲。战争令萨弗瑞着迷（他少年时代在第二次世界大战时期度过），然而他还是很难融入那所学校。他违反规定带枪支到学校，常常溜出去打猎，把他的猎物带到附近的村落烹煮分享。他告诉我："我非常叛逆。我把弹药藏在书包中一本挖空的《圣经》里。我知道不会有人翻《圣经》找弹药。"

萨弗瑞在大学就没那么叛逆了，不过他和学术环境的格格不入这时就带有更多的哲学意味。他主修植物学和动物学，他的老师一再责备他在植物课上提出关于动物的问题，在动物课上提出关于植物的问题。但他实在无法理解，要深刻讨论植物，怎么能排除动物对植物的影响。同样，植物构成了动物世界的地面、墙壁，有时还有天花板，不了解植物，又怎能了解动物呢？他说："我没办法跟人同时讨论动物和植物。学校的学科划分令我非常挫败。"

此外，他也因为看到讲师的无知而沮丧，他会毫无顾忌地提出异议。一位客座讲师告诉学生，鳄鱼的耳朵后方有垂盖，也有肌肉组织可以移动垂盖，但鳄鱼从不使用。萨弗瑞指出，他的宠物鳄鱼被他激怒的时候就会翻动垂盖（他不只在大学里养着鳄鱼，甚至进入罗得西亚军队后也养着）。听到科学家提起用野外挖来的植物在实验室做实验，萨弗瑞就十分恼火。他对我说："植物一旦被挖起来，离开原来的环境，就不再是原来的植物了。"

萨弗瑞一结束大学的学业，就抛下所有的毕业庆祝活动，回到他心爱的丛林中。他 20 岁时，在目前属于津巴布韦的地方担任"北罗得西亚野生动物保护与采采蝇控制部"的研究生物学家和野生动物巡护员。

他说得很急："我开始明白，我所爱的一切命运已定。"急速沙漠化的灾难蔓延到辽阔的草原，危及他受雇保护的动物栖息地，动物的数量逐渐下滑。萨弗瑞当时觉得大地之所以退化，是因为有太多牛在草原吃草。他告诉我："有人跟我说，你可以看看古希伯来文的文献，他们就责怪牧民的牲畜造成了沙漠。"

确实，古代人并没有善待自己的环境。我们许多人都有天真的想法，觉得地球还没进入现代工业化时代的时候，人类都和大地和谐相处，留下的足迹不像我们这么深。然而，研究一再显示，事实并非如此。从前人类造成的累积效应比我们轻，是因为人口比较少，不过科学家威廉·拉迪曼（William Ruddiman）博士，即《犁、瘟疫和石油：人类如何掌控气候》一书的作者表示："就单人土地利用情况来看，他们的足迹其实远高于我们。"

前现代的人类确实不开车，也不挖开山顶采煤发电，但他们烧掉森林开辟牧草场和农田，用破坏力愈来愈强的犁具把开土壤，种下作物。他们不铺地砖，不过由于林地足够多，他们毁掉一片之后，就直接迁徙到下一片。过去1000年间消失的森林总量中，有75%发生在1850年之前。

早在现代之前，会排放碳的人类活动就开始影响气候了。大气中的温室气体通常会波动，而冰芯显示温室气体的自然减少导致的间冰期或冰期，大约10000年便发生一次。不过10000年前，人类开始发展农业，也就开始向大气中排入额外的二氧化碳。考古学资料显示，大约8000年前，目前属于欧洲与中国的地区人口剧增，森林滥伐十分猖獗，随之而来的是大量排放的温室气体，不只碳从燃烧的森林和退化的土壤中飘出，湿地、灌溉的稻田和牲畜还释放出甲烷。拉迪曼提出的理论是，早期人类大量产生温室气体，甚至让我们避开了大约两千年前就应该出现的冰期。若不是长久以来的人类活动，我们大气中的二氧化碳浓度应该大约是245ppm，而不会达到2013年的400ppm。

萨弗瑞说，早期人类对土壤毫不留情，其结果是，人类居住最久的地区出现巨大的沙漠，包括撒哈拉这个面积相当于中国的北非沙漠，以及沙特阿拉伯和也门的提哈马沙漠。萨弗瑞常强调，在公元前5世纪，希腊历史学家希罗多德描述的利比亚拥有肥沃的土壤和丰沛的泉水，足以维持利比亚的庞大人口。现在利比亚几乎都是沙漠了。

人们大多把沙漠化归咎于牧人和牲畜。萨弗瑞在职业生涯早期对牛和牧人也没有好感，正如那句常被引用的名言：为了扭转沙漠化，"让我们射杀所有阻碍我们的该死的牧人和天杀的牛"。

话说回来，他长时间待在灌木丛里，在那里看到的情况有时并不符合人们对牛的武断印象。牧人已经不在采采蝇肆虐的地方放牛了，于是大象、斑马和大型猫科动物在这里游荡，不用和牛竞争。然而在这些蛮荒地带，土地仍在继续退化。野生动物保育员通常在自己监管的区域内放火，来除去老旧的干草，而焦黑的残株之间也的确很快就出现了一抹青翠。虽然其他科学家认为火能带来新生的草和野生动物，萨弗瑞却注意到，植物与植物间因此多了更多裸露的土地。他说："几千年来，牧人的确一直让土地退化，但一个世纪的现代土地经营让退化更严重。"

当时和现在流行的牧场管理观念认为，只要赶走牲畜，让土地休养，退化的土壤就能自动复原。不过萨弗瑞一再看到他的草原并没有因为休息而复原。举例来说，津巴布韦对付采采蝇疫情的方式，是杀死大片大片土地上所有的野生动物，希望端走采采蝇的鲜血大餐，饿死采采蝇。这种措施减少了采采蝇疫情的发生，但萨弗瑞注意到，在动物消失期间，土地并没有恢复，而是退化得更严重了。

另外在博茨瓦纳边界附近的图利圈野生动物保护区，萨弗瑞和其他野生动物学家观察到，动物先是增多，然后因数量过剩引发大饥荒，再剧烈减少。他们以为会看到土地复原，但是，尽管那里的动物减少了，土地依然在继续退化。许多科学家认为罪魁祸首是干旱，但萨弗瑞在一份研究报告中指出，那年雨季的降雨量其实很大。他的结论是，土地退化一旦严重到某个程度，就无法复原了——不过，他现在认为这结论完全错误。

他一直以为沙漠化的原因是干旱与牛的数量过多，直到他首次造访欧洲北部。在苏格兰，他发现曾经严重过度放牧的土地在休养之后复原了。即使是年降雨量不多的地方，也能恢复。其实每次有人把我在克利夫兰的后院翻开，想处理车库的排水问题，我也都有相同的发现：如果我不种些东西，大自然很快就会在裸露的土壤上生出生机勃勃的各色杂草。

为什么长期休养之后，欧洲北部和美国东部的土地可以复原，罗得西亚的草原却退化得更严重？萨弗瑞终于明白，这几种环境在他所谓的"脆性量表"上相差悬殊，这决定着植被是否会周期性地干燥到足以用手折断的程度。由于克利夫兰全年都有稳定的降水，或降雨，或降雪，因此我的后院处于量表上非脆性的那一头。我刚从萨克拉门托河谷那块干旱的土地搬到美国东部时，就被那里的湿度，特别是湿气吓到了。起初我几乎有种幽闭恐惧症的感觉，觉得自己被困在桑拿室里。

非洲南部跟克利夫兰及欧洲北部都不同，大部分地区在雨季过后都是漫长的旱季。萨弗瑞推测，年降雨量并不是决定土地休养之后能否完全恢复的关键因素，全年的水分分布才是。裸露的土地一旦干涸，就无法恢复，甚至还会出现一层坚硬的壳（就像索卡指给我看的那块陶罐般的裸露土地），这层硬壳不能透水。由于分解是要由微生物来执行的一项生物程序，因此这些脆化地区的植被死亡之后不会分解。雨停之后，这些微生物就死去或休眠了。在漫长的旱季里，死亡植物经历的只有化学程序——氧化或单纯的风化，要花很长时间才能分解。证据在我来到中心的第一天就呈现在我眼前：圆形茅顶屋的茅草屋顶颜色变灰，可以保持坚固，抵御自然侵害数十年。如果留在草原上，这些干草就会成为坚硬持久的屏障，不让阳光照到土壤，等雨水再次落下时，阳光无法刺激新生的植物生长。

不过非洲的草原在很久之前曾是野生动物的富饶天堂。如果草原无法从火灾、偶尔的动物过剩和其他灾难中自己恢复过来，又是什么治愈了草原？萨弗瑞开始认为自然是一个有机的整体，植物、动物和土壤之间有复杂的交互作用（不过科学错将这种交互作用扯碎了），这让他产生了新的想法。他猜测草原是靠某种自然过程复原的，但最近的一千年来，牧人意外破坏了这一过程，草原因而退化了。

20 世纪 60 年代，罗得西亚爆发内战，黑人组成各种游击队对抗种族持主义立场的伊恩·史密斯（Ian Smith）政府，萨弗瑞对草原的思索也中断了。罗得西亚陆军征召他入伍，由于他对在灌木丛中行动富有经验，还命他指挥一支搜索战斗小组，追踪游击队。他曾在灌木丛间仔细观察大地，寻找有问题的动物或盗猎者，此时他的观察技能更是大幅提升，毕竟他和战友的性命都仰赖他解读大地的能力。他告诉我："我是以科学家一般不会采用的维度观察土地的。即使只是遗漏一片弯折的草叶，也可能挨枪。我们在打仗，夜里躺在灌木丛中不能生火，睡不好，我有整晚的时间可以思考。"

就在那个时候，萨弗瑞开始光脚走过灌木丛，不只是因为这样更容易感觉到脚下的地面，也因为光脚的游击队员可以轻易看出靴子印，而他不想泄露小组的行踪。他的所有组员也都光脚走路。

搜索游击队的过程中，萨弗瑞和他的小组走过荒野中的草原，草原上动物的行为和数百万年前没什么不同。他们也走过野生动物保护区、农场和牧场。他很快就发现，在最难找到游击队踪迹的地方，许多群居动物的行为都和人类干预自然之前一样。在那里，青草茂盛、生机勃勃。至于有人类管理动物、保护它们免于掠食者攻击的地方，不论是养牛的牧场，还是有大象的野生动物保护区，土地都很贫瘠，草长得很稀疏。萨弗瑞发现，自然状态下的动物对脆弱的环境有正面影响。其实造成土地退化的，似乎是以下两个因素：把动物移走，或改变动物的古老行为。

草原上从前住着大群食草动物，有羚羊、水牛、大象、斑马等。这些群居动物的行为有什么特别之处呢？萨弗瑞回忆起他多年来追踪野象群观察到的情景：大象在草原上放慢脚步吃草时会微微散开，但它们害怕狮子、鬣狗和其他集体狩猎的掠食者，不会散得太开。大象吃草时，粪便和富含氮的尿液会落在地上，喂养植物和土壤中的微生物。它们成群移动的时候，会紧紧聚在一起（仍是为了避免因落单而被集体狩猎的掠食者抓走，这些掠食者不敢接近成群的动物），踩踏途中所有的植被。萨弗瑞意识到，这样的踩踏其实对土壤有益。草不像其他许多植物那样会落叶，而动物的踩踏会把活的植物茎叶和枯死的草压到土壤表面，如此一来，枯死的草就没机会氧化、风化，也没机会遮蔽幼苗的阳光。植物的这种"废弃物"会保护土壤，使土壤不受侵蚀，也能避免土壤里的水分蒸发，还能喂养土壤生物。动物的蹄子也会把地表的裸土带起来，让种子和水分进入土壤中，类似园丁挖开地表准备花床的做法。然而，人类驯养动物时，无意间改变了群居动物对草原的影响。这些动物现在有了栅栏和警觉的牧人保护，不会受到掠食者攻击，也就不再需要紧紧聚在一起不断移动，而是待在原地不动，稀稀拉拉地分散在田野上，形成我们今日深深喜爱的明信片般的田园牧歌风景。萨弗瑞明白，土地之所以退化，是因为大部分的人不了解植物、动物和土壤之间至关紧要的关联。

　　萨弗瑞到了美国后，更加坚信，动物造成的影响可以让大地复原。他造访过一些干燥的国家公园，那里已经数十年没有牛了，野生动物也不多，完全可以说不受动物影响。那里的土地在继续退化，严重到有些人断言，那些土地一开始就注定会退化。

　　萨弗瑞并没有声称是自己最早注意到大量群居动物和土壤健康的关联——许多国家的民间智慧都相信兽蹄能改良土地。他记起老牧人告诉过他的话："草原要捶过才甜美。"意思就是要用兽蹄踩踏土地。他确信，土地需要动物的影响才能复原，不过是哪一种影响呢？

　　白人殖民者踏上草原时，草原上仍然有大量水牛、羚羊、斑马之类的动物，它们的数量远远超过后来到达的家畜。萨弗瑞开始纳闷，问题或许不是土地上的动物数量，而是动物待在同一片土地上的时间。传统牧场学认为动物的影响是负面的，谁也没想到要做那么异端的研究。于是他试着进行自己的研究，把颜料球砸向大象，以便区分象群，从而观测大象究竟在一个地区停留多久才会离开。结果证明，这是不可能完成的任务，而且他也召集不到任何帮手。

　　然后，萨弗瑞听说南非有位颇有见地的植物学家兼农民，名叫约翰·艾柯克斯（Aohn Acocks），这人宣称自己牧牛的方式不但不会毁了土地，反而使土地变得很健康，于是萨弗瑞飞去南非见他。艾柯克斯解释道，如果把牛放到一大片草地，随便牛在哪里吃草，牛就会选择最爱的草，吃得一干二净，接着去吃第二爱吃的草，也吃得一干二净，接下去依此类推。当时的传统观念是，这样能让牛选择需要的养分，是相当好的做法。然而艾柯克斯知道，牛会过度摄取偏好的草，直到草根死亡，土地光秃，然后土地就毁掉了。他反其道而行，把牛限制在一小片区域中，让牛均衡吃草，别吃太多，然后把牛赶到另一小块草地，也这样操作。萨弗瑞兴致高昂地察看艾柯克斯的田野，他看到牛把植物踩进土中，看到牛蹄在土壤表面踩出坑洞，如此一来水就不会流走，而是渗进土里，还看到新生的植物就长在旧有植物的根部周围。他发现或许可以管理家牛，让家牛也产生野生群居动物那样的有益影响。牛在土地上吃草的时间长度似乎是关键因素。

萨弗瑞回到罗得西亚，拿出他搁在书架上、多年来一直忽略的一本书。法国科学家安德烈·瓦赞（André Voisin）的发现在六十年前就在许多地方出版了，不过在非洲、澳大利亚和美国却一直备受忽视，而这些国家对国际的牧场管理学有举足轻重的影响。萨弗瑞曾经认为，来自富饶的法国的见解跟干燥的非洲草原想必没什么关系，所以他对这个人的研究从来没有多大兴趣。

然而，瓦赞在《草的生产力》一书中解释说，过度放牧并非是由于土地上的动物数目太多，而是由于这些动物停留的时间太长。艾柯克斯不让牛在同一块草地上待太久，以免牛啃光地面上的草，而且会等草复原之后才让牛回到那块草地。如此一来，不只能避免土地变成沙漠，甚至能改善草和土壤。牛或其他食草动物咬掉、扯下青草后，青草会努力把叶子长回来。植物会从根部和根毛把碳基糖输送上来，使一些草死亡，然后把碳网络留在土里分解。当草重新长出茎和叶时，碳基糖的产量再度增加，植物再将一些碳基糖向下传回根系，供应根系生长。萨弗瑞解释道："放牧以后，让植物复原，植物就会把碳和水分送进土壤。但树木不会这么做，所以草原对碳循环才会那么重要。"

艾柯克斯几乎让他的牛复制了古代兽群的吃草模式。这些群居动物为了避免被掠食者捕食，会紧紧聚在一起，也因此会迅速在一小块的区域内洒满粪尿，和艾柯克斯的一块放牧区差不多面积。动物不想吃自己的排泄物，于是继续缓慢前进，这样就不会过度啃食同一片草地。兽群到达新的草地时，吃的是营养均衡的大餐。它们吃掉一些植物，留下另一些，同时也在土地上留下蹄印、粪便和富含氮的尿液，因此土地状态大体上还是很好的。等粪便分解，这群动物也准备回到那块土地时，土地已经再生。这样的行为年复一年，造就了富含碳的土壤，土壤中充满了团粒，能让雨水快速渗透，留在土中，甚至撑过旱季。萨弗瑞称之为"有效降雨"，意思是雨水会深深渗进土壤中，在很长一段时间内滋养各种生物。雨水不会形成径流侵蚀土壤。然而在退化的土地上，由于土壤无法吸收水分，洪水可能随着豪雨而来，下一周却只有干透的土壤和干旱。萨弗瑞认为，如果没有有效降雨，总降雨量其实没什么意义。

20世纪60年代中期，萨弗瑞改投其他政治阵营。他不再追踪黑人游击队，而是进入议会，代表白人去对抗歧视黑人的伊恩·史密斯政府。他对政治的兴趣最早源于一个坚定的信念：环保人士必须涉足政治。他无法把发生在土地上的事和居住在土地上的人分开，就像他不相信植物学和动物学可以分开。萨弗瑞告诉我："我当时身兼多职。不过无论我扮演什么样的角色，我耿耿于怀的，始终是贫瘠的土地会使野生动物减少，造成贫穷和暴力，然后使女人、孩子受到虐待，导致政治动荡。在我看来，这些始终是同一件事。"

他还得出结论，认为专业的牧场管理对土地弊大于利。北罗得西亚的野生动物部门进行燃烧管控时，他就曾经大力反对。

一般认为，造就了宽广茂密的草原的是野火，但他指出，是无数和草共同演化的迁徙动物。他认为，即便焚烧会促使成熟的植物再度生长，但它也会抑制新生植物的数量，使得植被之间的空隙愈来愈大。这种生物量的减少，不论成因是火还是过度放牧，都很难逆转。而且他断言，导致沙漠化的过程就是这样开始的。他想发表相关科学论文，但无法通过同行审查。他提议建立一个由年轻有为的科学家组成的委员会，让他们在世界各地游历几年，看看其他国家的人是怎么管理草原的。之后，他认为要别人去倾听和他们学到的一切知识背道而驰的事实在太困难了，就辞去了他在野生动物部门的工作。他觉得，官僚政治及其教条会阻碍创新思维，因此不再想当受雇于人的科学家。他成为独立的研究者和顾问，客户众多，而他自己也成了牧人。

虽然萨弗瑞致力于破除旧习，有时还受到排挤（也可能正是因为这样），农人和牧人却向他求助。一天，有对牧人老夫妇出现在他的门前。两人遵循了所有专家的建议，但仍然发现，自己的土地在不断退化。虽然萨弗瑞曾有恶名昭彰的言论，在他认为牛和牧人是沙漠化的凶手时，说他想射杀该死的牛和牧人，但两人并没有因此打消念头。萨弗瑞对我说：“我告诉他们，我从前不知道牧人跟我一样热爱自己的土地。我说，我会帮你们，但前提是，你们得理解，我没有办法给你们明确的答案。我们得一起合作，看看有什么发现。”

就算是非常成功的牧人也会向他求教。罗得西亚的自然保持部门每年会评选管理得最好的草原，其中一位获奖者联络了萨弗瑞，问道："我的土地有当局说得那么好吗？"萨弗瑞请那人带他到最好的那块土地上，在那里待了几个小时。萨弗瑞回忆道："一片草海在风中摇曳，看起来很美。得奖是实至名归。"

不过萨弗瑞又蹲到地上观察，就像在战争期间追踪游击队那样，但这次他是在测量植株之间裸露的土地。当时其他专家是以土地损失的总产量来评估沙漠化程度，但萨弗瑞的定义比较精细。他把缺乏生物量——通过植株之间的裸土面积来计算——也考虑进来，他还发现成熟植株的根有半英寸暴露在空气中。萨弗瑞说："根显然不会长到空气中。牧人因为植株之间的土壤受到侵蚀而损失了半英寸的土壤。"

萨弗瑞的判决结果是什么？原来得奖土地的沙漠化程度已经高达九成。牧人忧心忡忡，委托萨弗瑞帮他改变土地的管理方式。

经过多年的观察研究，萨弗瑞发展出了一种复育土地的方式，现在称为整体计划性放牧。它和其他管理策略不同的地方在于，它一开始会先要求农人和牧人依据自己最深沉的文化、心灵和物质价值观，描述他们希望拥有怎样的生活，并且判断怎样处理土地可以维持这样的生活数千年。造访中心的整体管理训练师担心这听起来太过严肃，于是让我看马萨伊族战士进行土地管理训练时的照片，他们除了珠饰之外几乎一丝不挂，这种方式对他们很有意义，对我现在的同乡，支持永续农业的时尚的波特兰市民，也同样有意义。萨弗瑞最早是在研究史默兹（Jan Smuts，南非律师、植物学家与军人，两度担任南非总理）的成果时发现这种整体性架构的。爱因斯坦后来称赞史默兹发明了对人类未来相当重要的两大概念之一（另一大概念是爱因斯坦自己的相对论）。史默兹相信，自然是作为一个整体按某种模式运作的，是个复杂的系统，人类却误把自然当成复杂的机器。如果我们用机械化的方式和自然互动，觉得我们只需要移除或改变一个齿轮，就能解决一个问题，就注定会招来意料之外的后果，而且这一后果时常比原先的问题还要糟糕。

举个例子，萨弗瑞经常说，人类为了根除有害的杂草，已经花费巨资，又是喷药又是锄草。不过跟自然作战的这些人并不了解，实际上他们对抗的是土地生物多样性丧失症。1999 年，萨弗瑞告诉《牧场杂志》的记者："蒙大拿州的官员花了五千万美元，试图杀死矢车菊。现在矢车菊的数量比以往还多，他们还不如把矢车菊当成州花。"

2012 年，萨弗瑞在"南非洲草原学会"的年会中提到，我们对环境的整体特质非常无知，而我们在处理最迫切的环境问题时，更让这种无知显露无遗。他说："目前的三大环境问题是生物多样性丧失、沙漠化和气候变迁。这三个问题分别由不同的机构——包括大学、环境组织、政府和国际机构以及不同的国际会议分别处理。甚至在这些机构中，研究对象还会进一步细分。然而这其实是同一个问题，无法分割。"

萨弗瑞的整体管理流程考虑到许多变量。决策者在管理一个生态系统时（萨弗瑞说这个流程可以用来管理包括家庭甚至小型企业在内的一切事宜），必须检视人们管理土地的各种传统工具。萨弗瑞列出了三种通常用来大面积管理土地的工具：火、科技（从犁田到喷洒化学药剂）与休耕（从围起绿地数十年到作物轮作）。然而这些方式永远无法使脆弱的土地复原。他提议改用放牧的手段，引入动物的影响——谨慎地放牧，让家畜在土地上移动，以代替最初参与塑造草原的古代群居动物。

萨弗瑞和巴特菲尔德造访津巴布韦的时候，住在茅草与石头搭成的房子里。在一片房子中间有个篝火坑，我在篝火坑旁花了很长时间进行采访，听到了萨弗瑞的许多故事。萨弗瑞随身带着一个双筒望远镜，不时看向从灌木丛中穿过的动物。猴子反过来盯着我们；一对狒狒大步跑过，呆呆地看过来；前一天晚上，有大象在夜间嚎叫，地面上到处是大象从树上扯下的枝条。萨弗瑞告诉我，如果他们半夜出来，必须提防狮子。一天，他在打盹的时候，一只疣猪跑进他的小屋，用獠牙刺伤了他。不过这只疣猪并不是野生动物——在那天之前，它一直是营地的宠物。除非某只危险的动物长期造成麻烦，否则萨弗瑞不会采取任何措施驱赶它。他尊重掠食者的作用。掠食者能让群居的食草动物保持野性，这样一来，它们才会成群地迁移，帮助土地复原。静止的大象跟静止的牛群一样糟。其实萨弗瑞本人也是位"掠食者"。上一次采访结束以后，他和我分享他钟爱的野味：冷库里的熏象鼻。如果熏象鼻完全解冻了，我或许会喜欢；或者是因为我对无父无母的小象多吉薇（Dojiwe）这只营地新宠太过喜爱，才食不甘味。"多吉薇"的意思是"失而复得"。

世界上很多地方都邀请萨弗瑞去演讲，但也有很多人到津巴布韦拜访他，有科学家、牧牛人、政客、电影制作人、新闻工作者、环保人士，等等。许多人和我一样，就坐在篝火坑旁边，被狒狒和其他动物盯着。我拜访的时候，中心人员还在为萨弗瑞赢得 2010 年"巴克明斯特·富乐挑战奖"而兴奋不已。这个奖项奖励的是解决大型全球性问题的方案提出者。他们当时还因为可能获得另一项更大的荣誉而情绪激昂——哪个方案能最有效地去除空气中的二氧化碳，就能获得亿万富翁理查德·布兰森爵士（Sir Richard Branson）2500 万美元的奖励，而中心进入了最后一轮评比。此外，我回到美国后不久，一段视频开始在网上流传，内容是英国王子查尔斯表示他对萨弗瑞的工作很感兴趣。

萨弗瑞对我说："我相信，这是数千年来第一次真正的突破。如果你有这么巨大的突破，你当然不会藏私。我的这一突破是建立在我自己和别人的错误之上的。只要打开胸襟，就能从错误中学习。"

我估计，类似这样的话，以及萨弗瑞声称传统牧场科学无用的言论，都将继续激怒主流科学界和学院派的许多人士。有些人比较开放，不过仍然认为，目前还没足够多严格控制的实验能证明萨弗瑞的方式有效。2012 年 11 月，一个名为"西北管理方式变革"的组织邀请萨弗瑞对华盛顿畜牧业者协会、华盛顿农业生产者协会发表演讲。华盛顿州立大学永续农业与自然资源中心主任查得·克鲁格（Chad Kruger）帮忙组织了这场活动，然后把他对萨弗瑞的想法发表在网络上。他发现有些批评者总结认为，支持萨弗瑞的科学研究"若不是奇闻轶事，就是因为实验设计不佳（他们没把各个变量独立出来分析）而无法视为数据可靠的研究……虽然我认为这些批评意见并没有完全否定萨弗瑞整体管理系统的合理性，但它们确实提出了最为关键的问题：数据在哪里"。

萨弗瑞在网上回复道："在研究范式转型的情况下，你难以理解，是很正常的……我花了许多年才得出这一结论，因为我也被学科割裂的大学教育所蒙蔽。"他向克鲁格推荐了一些报告和研究，不过其中只有一篇是克鲁格想要的。

人们很难用传统的科学研究方式来验证萨弗瑞的方法。在传统实验中，必须改变单一变量（例如土地里的水分含量或土地上的动物数量）而其他条件完全相同，看看几年后不同试验田的一系列指标有什么差异。但如果把单一变量独立出来，就是把环境视为机器，而不是复杂的系统，这样就称不上整体管理了。克鲁格很喜欢学者基思·韦伯（Keith Weber）的研究（他的研究由美国国家航空航天局赞助），但连韦伯也说，他和他的同事把整体管理系统与其他两种方式（全面休耕与严格休耕／放牧系统）进行比较研究，但他们并不能严格按照萨弗瑞所说的方法操作。

　　韦伯告诉我："说真的，如果我们做的是整体计划性放牧，就必须一边进行，一边监控、调整。按照萨弗瑞的方法，你必须观察土地对你的管理措施有什么反应，然后决定下一年如何解决你意外造成的问题。但是进行科学实验的时候，不能在第二年改变前一年的做法。必须年复一年做相同的事，才能比较不同的做法的效果。如果做了改变，就等于完全放弃科学分析。"

　　韦伯说，检验萨弗瑞的方法还有另一个问题，就是用牛治理土地至少需要五年，然而大部分的科学实验只会得到三年的经费。有些科学家在第一次经费用完之后，还能得到经费再研究三年，然而那并非易事。

　　萨弗瑞的方法尚未获得多疑的主流科学界认可，但他的观念已经打动了许多牧人，他们参加他的培训课程，改用整体管理体系来管理土地。即使不获主流科学青睐，这些实践者的数目仍然持续增加。据萨弗瑞和巴特菲尔德所知，从事整体管理的牧人有一万人，不过实际人数应当远不止此。

　　除了位于津巴布韦非洲整体管理中心，美国也有两个学习点，世界各地的学习点也持续增加，而这些都是为了展示萨弗瑞的方法是如何运作的。四十年前，萨弗瑞买下了中心现在的土地。原来的地主是位农民，他在 6500 英亩（现在中心的面积扩展到了 8650 英亩，此外还有 2500 英亩不属于中心但由中心管理的土地）的土地上养着 100 头牛，离萨弗瑞的家乡只有 25 英里，那里现在已经是个国家公园了。2002 年，萨弗瑞决定把这片土地变成学习站，于是开始增加牛的数量。我造访中心的时候，那里有 500 头牛，除了中心拥有的牛，还有中心的牧人所养的牛，以及附近村庄的牛。萨弗瑞计划在 2014 年将牛的数量翻倍，因为以前维持牧场健康的动物数量就有那么多。他朝一片高及肩膀的黄草皱着眉，对我说："现在牛还不够多，我要这些草都被踩踏到地上。"

萨弗瑞带着我和两位澳大利亚来的牧羊人沿着泥土路参观他们的土地，泥土路上遍布车轮印，我们咯吱咯吱驶进灌木丛的时候，我真怕我会嗑断牙齿。他不时停下 SUV，让大家下车观察土地。有一次，我们下车看到光秃秃的地表有一层硬壳，用棍子敲起来会发出清脆的声响。萨弗瑞告诉我们，中心的土地从前有一半的面积都像这样。他又带我们去看另一些区域，拿出他在处理（他称计划性放牧为"处理"）之前仔细拍下的照片，要我们比较照片和眼前的情况。我们辨别着分枝的树木等固定地标，发现同一块土地现在覆满了茂密的黄草。萨弗瑞说："以前这里光秃秃的，可以在 100 码之外开枪打中珍珠鸡，因为它们无处可躲。现在它们能躲在大约 5 码之外的地方。"

我问他能不能用赤脚感觉到土壤的差异。他点点头，说："土地光秃秃时热得要命，那样对植物不好。不过穿鞋的人不会意识到土壤有多热。"

我们开车穿过几千米的黄草和黑树，周围尽是荒凉的黄色山丘。我们经过一片片灰色的灰烬。他的员工把灰烬撒在那些地方，让鸟儿在灰烬中洗掉羽毛里的虱子。我们经过一个地方，20世纪70年代，他曾把六岁的女儿留在那里，让她拿着一把步枪保护游客，而他自己长途跋涉去找人修理故障的车子。我们经过丁班刚贝河附近一间垮掉的小石屋，他曾经让一批游客留在那里看大象洗澡，结果一群狮子爬上屋顶，一同围观这一景象。我们看了那里的畜栏，那是巨大的白色塑料圆形围栏，让牲畜在里面过夜。牲畜每周换一块地方，集中向土地施加影响。我们去的时候，畜栏里空荡荡的，在野地里显得有点奇异，还带着神圣的气息。一名牧人和几只狷犬从附近的帐篷里走出来，夜里狮子、大象和鬣狗一靠近，狷犬就会吠叫示警。但自从一条蟒蛇吞食了一只梗犬，咬死了另一只之后，狷犬就不再看护畜群了。越野车开了一阵子之后，我们终于遇到那群牲畜。牧人每天早上会把牲畜从围栏里赶出来，到牧场的特定区域放牧三天——整个牧场都按照每年的放牧计划划分了区域。

我一再拧自己，说："这是非洲啊！"不过那片黄色的田野让我想起童年时北加州干燥的冬日风景。在那里，兴奋的理由太多了：我骑了象宝宝多吉薇；我造访了维多利亚瀑布；我一次夜里醒来，听见了外面鬣狗嚎叫。

不过最令人兴奋的一刻，是萨弗瑞带我们去看一条河。他买下土地时，河还是干涸的。在附近村子所有人的记忆中，那条河始终是干涸的。多年前的卫星图像里，那条河也是干涸的。而现在，干燥的冬日景观中，有泉水涓涓流进河中，河里一片泥泞，布满大象的足迹。我们在地上看到的茂密的草，是土壤正在深度复育的征兆。土壤中的微生物正在产生团粒，既能吸收水分，也能储存水分。这片田野现在变成了庞大的蓄水池，我想近期应该不会再变回沙漠了。

第四章
让自然发挥作用

一队小卡车和 SUV 颠簸着驶过北达科他州的草原，夏日的草、野花与刚硬的植物窸窸窣窣地摩擦着车底。我坐在杰伊·富勒（Jay Fuhrer）的 SUV 上，听着那声音，觉得我们好像正乘船航行在一条波浪起伏的河上。最后我们停在迈克·斯莫尔（Mike Small）和贝琪·斯莫尔（Becky Small）夫妇的玉米地旁，一跳出车子，散发着柠檬香的空气（车子碾过不少柠檬味的补骨脂草）立刻扑面而来。我们都穿着格子衬衫，歪七扭八地围成一圈。站在中间的是美国农业部自然资源保护局负责伯利县的保护员富勒。该县的县治在俾斯麦。阳光很刺眼，一群人中只有我蠢到没戴帽子。我蹲在一个大个子的影子里，小心地避开他不断往旁边吐出的烟液。

富勒身体结实，头发里夹杂着些许银丝。他习惯于自嘲，称自己为"德国佬"。在那个 7 月的早晨，他活像一个亲切的烹饪节目主持人，弯下腰，从斯莫尔的玉米地里铲起一块布朗尼蛋糕大小的土，把它碾开，在鼻子前扬一扬，像是在品味土壤中各种成分的多重风味，然后把深色的土块传给大家闻嗅欣赏。接着，他拔起一棵玉米，甩掉了根部大部分的土。虽然他使劲甩过，纠缠的根上仍然厚厚地裹着一层黏答答的深色土壤，看起来就像一头脏辫。

富勒碰碰玉米根，问大家："为什么土没有全部掉下来？因为土里的黏着剂把土固定在那里。此时此刻，就有团粒在形成。"

他折下一条较粗的根，请人把瓶装水倒上去。终于洗干净之后，他把根切成一片片的，传给大家，就像在传开胃菜。我把一片抛进嘴里，它尝起来就像玉米——或许这不足为奇，带着甘甜，又脆又凉。富勒问："你们尝得到里面的糖吗？那是土壤中的分泌物！就是植物用来吸引生物的物质。"

世界各地的人到津巴布韦的草原学习萨弗瑞的整体放牧模式，美国和附近国家的人则到伯利县学习观摩正在耕作的土地如何培养健康的土壤。那里有 40 个农民和牧人的"叛徒"（我不大确定怎么称呼他们，他们大多不只栽种作物，也养殖肉用家畜），他们在富勒与美国农业部科学家克里斯廷·尼科尔斯的热情支援下，达成了几乎所有人都觉得不可能的成就：他们正在培养富含碳的健康土壤，复育田野，还提高了产量，增加了收益。而且，就像我、那群农民以及密苏里州自然资源保护局的人那一次从迈克·斯莫尔口中得知的那样，他们和家人相处的时间也变长了。

由于传统种植方式本身的特性，它对环境的冲击远比放牧来得大。犁田会切断菌根菌的地下网络，破坏土壤团粒。土壤团粒能把水和空气留在土壤中，一旦被毁掉，土壤颗粒就会紧紧地挤在一起（这种现象称为土壤压实），这样一来，无论是灌溉的水还是雨水，土地都无法留住。事实上，近期有个研究证实，海平面上升有一半是来自农田流失的水。想要知道迅速干涸的奥加拉拉蓄水层去了哪里吗？其中大量的水最终都流进了海里。美国的淡水有七成用于农业，不过土壤压实会使大部分水无法渗进土壤中。耕种机械每隔一段时间就要重新设计，要耕得越来越深，才能打破这层压实的土壤，然而这么做只会造成更深的一层土壤被压实。

在准备播种的过程中，传统的做法也会除去所有植被，留出一块干干净净的田给将要种来出售的作物，这种作物可能是玉米（种植面积占美国农田的24%）、小麦（14%）或大豆（19%）。杂草、其他植物，甚至前一年的作物残茬都会被移除。农民为了能在春天快速播种，通常在前一年秋天做这件事。这会使土壤在长达七个月的时间中完全裸露。这么做的目的当然不是要饿死土壤微生物，不过由于土壤里没有活的根系产生分泌物，也没有死亡的植株让它们分解，因此确实把它们饿死了。2012年秋天，我从克利夫兰开车去波特兰，一路上看到成千上万英亩裸露的棕色土地。有时我会看到罪魁祸首——拖着巨大圆盘的拖拉机，它们扬起的漫天灰尘浓到让我几乎看不见公路。

我仿佛处在火灾的下风处。

即使是最热切地提倡有机农业的农民，也会这样年复一年地破坏土壤，为超市提供大部分有机产品的庞大食品企业更是如此。他们一旦使用化学除草剂除去野草，就不能自称有机，所以他们把野草犁掉。

整地、犁地的作法已经实行了数千年，世上有些最贫瘠的土地和最贫困的群落就是这样形成的，然而今天的工业机械让这件事以更大的尺度、更快的速度发生。春天，农民把种子播到这种退化的土壤里，然而土地上所有的自然程序都已遭到破坏，取得好收成的希望不大。更何况人们对土地做的不只是犁地和整地呢。退化的土壤中没有健康的土壤微生物群落提供养分，因此需要加入一些东西。有机种植的农民依靠粪肥、堆肥或天然肥料去弥补失去的部分养分，但大部分采用常见种植法的农民（99% 的食物都是由这些农民种出来的）只是年复一年地把大量强刺激性的化学药剂淋在土地上。他们遇到过的专家几乎都告诉他们，必须那样做才能生存。

化学农业看似根深蒂固，其实出现至今仅有五十年。按迈克尔·波伦（Michael Pollan）在《杂食者的两难》一书的说法，"从大气中取得原子，使之结合成对生物有用的分子的过程"就像许许多多的新发明一样，源自战争的迫切需求。制造炸弹需要硝酸盐，而弗里茨·哈柏（Fritz Harber）这位德国犹太裔科学家想出方法，制造出了炸弹所需的合成硝酸盐，投入了第一次世界大战的战场。之后他发明了毒气，第二次世界大战中德军就是用这些毒气杀死集中营里的犹太人，不过那时哈柏已经过世了。说也奇怪，哈柏的研究成果可以成为杀人的工具，也可以用来制造化肥，农业因此从生物程序中"解放"出来，农民即使对自然系统不大了解，也可以种植作物。亚伯·柯林斯（Abe Colllins）是佛蒙特州的农民兼土壤先知，他说："发展出化学农业以后，就不再需要任何技术，甚至不需要知道怎么当农民。只要把东西洒在那里，就能得到收成，即使土壤退化得很严重也没问题。"

像我这样挑剔的消费者会在超市或是农夫市集寻找有机标签，因为我们直觉地认为难闻的化肥不可能种出健康的食物。我们觉得自然的方式一定比较理想，但我们其实并不知道原因。然而科学家在土壤世界的新发现证实了这种直觉。大部分的化肥都混合了氮、钾和磷，因为很久以前农业学家就判断植物生长不能没有这三种物质。不过微生物学家英厄姆指出，随着科学工具的进步，科学家在食物中发现了越来越多的对我们的健康很重要的养分。施用化肥无法让植物获得这些养分，因为化肥根本不含这些养分。实际上，化肥也不可能包含植物必需的所有养分，因为植物和土壤生物的交互作用（大自然就是用这种方式给植物提供所需的无机物）太复杂了，人类难以复制。

犁地之后，土壤里面还是会有土壤微生物的，然而一旦施用化肥，它们就不大可能为植物提供这些多样的养分了。简单来说，化肥干扰了大自然里伟大的合作关系。在这种合作关系中，植物要通过根部把碳基糖输送给微生物，以换取养分。肥料破坏了这种一手交钱一手交货的系统，植物变懒了。

美国农业部的微生物学家尼科尔斯表示："添加化肥时，我们直接把养分放到植物的根系旁边，植物不需要送出任何碳就能得到养分，这样一来，土壤微生物就得不到足够的食物了。"

菌根菌少了含碳的伙食就无法生长，无法让自己的碳链在土壤里延伸。菌根菌和其他土壤微生物无法产生黏着剂，把碳固定在土壤里，形成保水的团粒。微生物会休眠，如果情况太恶劣，甚至会死亡。这时土壤生物和土壤结构都破坏殆尽，农民不用化肥，就无法种出像样的作物，这样的情况至少会持续好几年。"然后我们陷入了恶性循环，想要维持或增加收成，就得添加越来越多的化肥。一旦化肥不足，就会看到作物产生像是缺乏化肥的症状，这是因为少了那些土壤生物的有益活动。"尼科尔斯如此说。

传统农业每年大约使用320亿磅①化肥，然而效果极差。化肥里的大部分磷会迅速和土壤里的无机物结合，这样植物就无法利用了。土壤微生物的酶可以把磷变成植物可以利用的形态，可一旦施用化肥，这些微生物常常就休眠或死亡了。氮吸收的问题更严重。若没有健康的土壤生物作用把氮转化成植物可以利用的形态，就会有多达一半的氮被雨水或灌溉用水冲进地下水或溪流中。结果，这些水体中养分增加，藻类因而大肆繁殖，而藻类会大量吸收水里的氧气，使水中的其他生物窒息死亡。

---

① 1 磅 =0.454 千克。——译者注

墨西哥湾里有一个世界级的死亡区，位于密西西比河河口附近，面积大约6000平方英里，就是化肥养分流失导致的。2012年的旱灾有一个好处：因为没那么多富含氮的河水注入海湾，墨西哥湾的死亡区缩小了。

一般而言，采用传统农法的农民会通过增加化肥量来解决化肥吸收差的问题。他们为了让土壤里留有50磅的氮，会加进去100磅。

犁地和施肥的下游效应令大部分农民很受挫败，然而所有人（从农校的教授到县里农业推广部的职员）多年来一直告诉他们，这样才能打造成功的事业。如今化肥价格高涨（制造化肥和施肥都很消耗燃料），于是许多农民和农业相关人士开始寻找更理想的方式。伯利县的魅力就在于此：那里的农民恢复了和自然密切合作的方式，因为作物跟施用化肥时长得一样好，甚至更好（通常是更好），还省下了数千美元。

我们在斯莫尔夫妇农场的最后一站是一片田，田里的作物种得极密，完全看不到土壤。我们就要上车前往下一座农场了，这时一个身穿蓝色格子衬衫、头戴迷彩帽的青年举起手，问咧着嘴笑的斯莫尔："你们这里都施什么？"

"施？"富勒皱起眉头，好像没听懂一样。

年轻人中计了。"是啊，施什么。你们用什么肥料？"

斯莫尔对他说："什么都不施。"

"完全没有？"

"没错。"

年轻人了解了，然后叹了口气。"你可以南下密苏里州，告诉我爸爸吗？"

这一地区的年平均降水量只有 15 英寸，斯莫尔一家是如何既不施肥也不灌溉就种出如此密集的生物量呢？我们可以在俾斯麦郊外加布·布朗（Gabe Brown）的农场上找到答案，时间是将近十五年前，远比斯莫尔发现可以告别常规农业要早。加布与他的妻子雪莉和儿子保罗种着一片 5400 英亩的土地，而自然在那片土地上和加布摊了牌。布朗家从此完全改变了农法，而他们的发现就像涟漪一般传遍整个县，也传到更远的地方。

其实，我早在发现富勒的土壤之旅之前，就计划拜访布朗了。两年前，我在新墨西哥州参加了基维拉联盟组织的一场研讨会。基维拉联盟组织改革派的牧人和环境学家，讨论理想的农业如何能解决双方都关心的许多环境问题。研讨会的主题是"碳畜牧：通过食物和管理培育土壤、对抗气候变化"，完全符合我的兴趣。但我直到最后一刻才报名，所以没在举办研讨会的酒店订到房间。我不得不住到会场外的汽车旅馆，每天早上搭公交车去会场，却也因此一连几个早上都坐在埃利亚夫·比坦（Eliav Bitan）旁边。也许就是出于这个原因，我永远都不会改掉拖延症。当时比坦是美国国家野生动物联盟"气候与能源计划"的农业顾问。国家野生动物联盟曾经表示，野生动物最大的威胁是全球气候变化。比坦的工作令人羡慕，他跑遍全国，研究改革派农民的做法，并且筛选出"对未来友善"的农法，写成报告。我们一直保持着联络，相约在北达科他州见面，这样他才能把我介绍给加布·布朗。

2012 年 7 月，我坐上了飞机，那是五十年来最干旱的一个夏天。飞机绕着俾斯麦机场盘旋时，我好奇地看着那些挺拔的哨兵般的树木标示出乡间的所在。从空中看，就像有人撒下一把牙签。我和比坦到达加布的农场后，发现那是巨大的防风林，是针对大萧条期间沙尘暴采取的保护措施。沙尘暴之前的几年，农民们已然变成了轻率的"草原破坏者"，用他们能找到的最大的机器毁掉天然草原，想种植小麦大赚一笔。他们丝毫不顾惜土壤，不断把土壤耙开，种上越来越多的作物。这些糟糕的农法最后碰上了干旱。没下雨，却刮起强风，扬起裸露的土壤，形成巨大的沙尘暴，一连数天遮天蔽日，人类和牲畜都病了。北达科他州被这场人为的"天"灾侵袭，损失惨重。富勒在土壤之旅中遇见了一位来自密苏里州的访问学者，他推测现在田野中散布的巨石正是那场沙尘暴从土壤深处掀出来的，它们在数百万年前就被冰川留在了那里。

尽管年初以来只下了 8 英寸的雨，布朗的农场仍充满绿意。绿得夸张，绿成了一片混沌的田园艺术，完全不会让你联想到我们平时看到农田会想起来的整齐的几何图形。一开始我很失望，觉得那样并不好看。一排排整齐的作物呢？黑白相间的牛群点缀的平整绿野呢？我眼前只有一片未收割的田野，植物极其浓密，像爆炸头似的挤成一团，隔着一段距离就完全无法辨识了，只有零星的向日葵在一片混乱中摇晃着明丽的花盘。就连玉米地都是一团糟，一排排玉米之间挤满了活的死的各种植物。牲畜呢？牲畜是一群毛色繁多的母牛和小牛。布朗的农场有5400英亩，牛群却被可移动的电畜栏以一个难看的形状围在小小的一片区域中。唯一干净的地方是布朗家的院子，布朗的妻子雪莉正驾驶着割草机在院子里绕圈割草。

每到这种时候，我就会觉得有必要重新训练自己对农场的审美。我们在土壤之旅中拜访的一位农民马琳·李希特（Marlyn Richter）说得好："我们刚开始这么做的时候，父亲觉得我们疯了。他希望这地方漂漂亮亮的，一溜溜棕色的土壤整整齐齐的。不过现在，地看起来越丑，我们就越开心。"

布朗肩膀宽阔，身体结实，带着北方平原地区拖长的口音，笑声爽朗。他总像是望着远方，思索着下一个实验该怎么做。他并非农业或农学出身，而是在俾斯麦长大，是地道的都市男孩。但他喜爱户外活动，九年级时上了农场实习课，从此迷上了务农，每年夏天都到50英里以外的一座奶牛场工作。

雪莉的父亲也是农民，他有时会雇布朗清除田里的石头。布朗和雪莉在高中时没有约会过。她知道自己不想嫁给农民，只愿意跟布朗这一型的美国未来农民保持朋友关系。不过两人在俾斯麦州立学院读完第二年就结婚了。布朗继续到法戈的北达科他州立大学攻读了四年的学位，主修动物学和农业经济。虽然他对这些科目充满热情，教学方式却令他退缩。有一次我和他在他的地下室进行了长时间的访谈，他轻松地靠在迷彩躺椅上，说："感觉就好像拼图并没有拼在一起。农场上的产业各自独立，我们没有看到全局。我对这样的情况感到灰心，不过当时我还不明白为什么。"

布朗和雪莉搬到她父母的农场帮忙经营，并在 1991 年买下了农场的一部分土地。那时布朗是个传统的农民，而不是改革派农人。他犁地，施用化肥，喷洒杀虫剂、除草剂、杀真菌剂，在牛身上挂上杀牛虻的耳标。

不过，到了 1993 年，他觉得犁地似乎有问题。他解释道："我们把土挖开，再抱怨土太干，一点儿也说不通。而且我不是在农场长大的，我没有根深蒂固的观念，并不觉得有必要完全按照爸爸和爷爷的方式去做。"他和一位采用免耕农法的朋友（当时县里这样的人还不多）谈了谈，朋友建议他，如果他选择不犁地，最好把犁卖了，否则他总是会想着回头去深耕。

于是布朗卖了他的犁地设备，买下一台黄绿相间的、耀眼的约翰迪尔 750 免耕型条播机。这种机器会在土壤中划出一道小小的窄缝，丢一粒种子进去，然后迅速把窄缝填平。他开始用他觉得合理的方式来种植，例如在牧草地上种豆科植物来固氮，而这背离了农校的教育。200 英亩"驯化"的草（他在牧草地中播下的是店里买的草籽，而不是原生草原的草籽）出产的草料量令他很失望，他为了提升产量而四处求教。农业推广员的普遍建议是增加肥料，不过他买不起更多肥料了。他请教了富勒，他们决定在 12 块牧草地中分别种植不同的豆科植物，包括紫苜蓿、鹰嘴紫云英、鸟足拟三叶草等八种植物，看看哪一种最能提高产量。他说："我们的草料产量惊人。这让我知道，不论是在农田里还是牧草地上，草和豆科植物之间都有协同作用。我们的牧草地的生产力远远高出种植单一驯化草的牧草地，吸引了好多人来参观。"

之后，他经历了跟自然的壮烈对抗与惨败。一连四年，大部分的作物都毁于天气异常，不是冰雹、晚霜，就是严重干旱。四年间，他几乎没东西可以拿到市场上卖，只好凑合着在毁掉的田里种下夏播作物，以求有东西可以喂牛。1997年，他试着种植玉米，但它们在一场干旱中枯死了。

他没用圆盘式割草机清理农田，而是派他的牛去吃玉米秆。他还在秋天播下覆盖作物（这些植物在经济作物收割后种植，保护土壤不受风雨侵蚀），希望可以提高土壤含水量。他发现他的土壤似乎健康了一点，不过说真的，当时他考虑的只是怎么活下去并保住农场。

布朗回忆道："第四年，我们有八成的作物毁于冰雹。没有收入的时候，要还贷款实在难如登天。那段时间很艰苦，但我很庆幸发生了那样的事，要不是那四年，我绝对无法拥有现在的成就。我们是被迫改变的。"

那时候，布朗没钱买肥料，他破产了。但他发现，背离了惯行农法后，土壤反而大大改善了，甚至不需要化肥了。于是他继续寻找其他不用昂贵化学药剂的耕作法和放牧法。1998年，他参加萨弗瑞整体管理法的课程，学到定牧或全季放牧（指的是把牲畜放出去，在一大片牧草地上游荡一整年，大部分牧人都这么做）会使牛群只吃它们偏好的草，把草吃到无法恢复的程度，使得杂草占据牧草地。他开始把牧场划分成一百多块草地，每隔几天就把牛从一块草地赶到另一块，给草充足的时间再生。

就在那段时间前后，布朗做了伯利县土壤保育区的主任，他跟富勒组成了一个反传统的团队，热切地测试那些听起来很有前景的新想法。布朗在他的各种覆盖作物中又加入几个品种。他的健康土壤开始声名远播。

然后尼科尔斯来拜访他，这位土壤微生物学家当时刚进入位于曼丹的美国农业部农业研究局。她对布朗的土壤印象深刻，劝他减少化肥用量（这时他的农场比较成功，他又开始用化肥了）。他记得她说："布朗，你得减少施用化肥，最后完全不用，让你的土壤生物机能发挥应有的功能。只有这样，你的系统才能持续发展。"

布朗开始扩大试验规模，测试她建议的方法。他把每块地都分成两半，一半用化肥，另一半不用。连续四年，没用化肥的那些地表现得始终比用了化肥的好，所以他很快就决定省掉施肥的开销和麻烦。他的作物不需要化肥了，显然是他曾经采用的那些做法——包括不犁地、种植覆盖作物、偶尔让牛群闯入地里吃作物残茬——改变了土壤。当时布朗念念不忘的都是土壤健康问题，富勒和尼科尔斯则是他热切的伙伴。

2006年，布朗和富勒到堪萨斯州参加大平原免耕研讨会。巴西的农作物顾问阿德米·卡雷格里（Ademir Calegari）在讲台上介绍南美洲农民如何用组合种植的覆盖作物培养健康的土壤。农民用覆盖作物来防止侵蚀和径流，已有数千年的历史。叶片可以接住雨滴，让雨水缓缓滴到土壤上，防止雨滴打散土壤颗粒，也让水有充足的时间渗下去。尽管覆盖作物有这些优点，但在美国并没有广泛使用。美国国家野生动物协会的一项调查显示，2011 年，密西西比河流域 2.77 亿英亩土地中，最多只有4300 万英亩种植了覆盖作物。

布朗注意到，他开始简单地混种两三种覆盖作物之后，农田里的径流就大幅减少了。他关于土壤健康的知识越来越多，于是开始怀疑覆盖作物的作用不只是减少侵蚀和径流。覆盖作物确保他的土壤生物整年都有东西吃，而不限于他种植小麦和玉米这些经济作物的时候。有了这些地下工程师整年"建造"土壤团粒和有机物质，他的土地变得更像海绵，吸收、保留了水分，让他的作物即使在干旱的天气也生机勃勃。

卡雷格里提出的组合法把覆盖作物的理念提升到另一个层次。惯行农法最不自然的做法，就是创造了只种植单一植物的广袤土地，那植物通常是玉米、小麦或大豆。但大自然从来不会那样"单一种植"。布朗农场附近不到一平方英尺的原生草原上，最多可以有 140 种植物。美国任何一条高速公路旁一英亩土地上的植物种类，很可能多过艾奥瓦州所有耕地内的总合。地面上丰富多样的植物，表示地面下同样有丰富的微型生物群落。不同植物会提供不同的根部分泌物，吸引各种不同的微型生物，使得土壤整体而言更有自我修复力。自然总是努力恢复人类破坏的土地，恢复其生态平衡。我们一制造出光秃的土地，自然就会派杂草军团来占据、覆盖土壤。我们一建立单一种植格局，自然就会派病原体来削弱甚至杀死那种作物，让其他物种递补。

不列颠哥伦比亚大学的生物学家约翰·克里隆诺摩斯（John Klironomos）说："长期种植单一作物，就是助长对那种作物情有独钟的病原菌。这样会刺激多样性。自然不会让任何单一物种主宰一个地区，不过病原体在非常多样化的农业系统里找不到寄主。"说来讽刺，作物一受到病原体感染，我们就想到作物生病了，但这是自然在以它的方式让田野恢复健康。

布朗和富勒离开大平原免耕研讨会，急着试验卡雷格里的理念。他们去了谷仓，那地方不只收购经济作物，也贩售种子。布朗他们说要买 1000 磅的芜菁种子，令那里的人困惑不已。他们惊讶地问："你们要多少包种子？"不过布朗和富勒最后还是收集到了许多种子，足够两人在保护区的试验田中种植，有些试验田是单一种植，有些是组合种植。组合种植的土壤健康情况似乎改善了。2006 年干旱的夏天出现了戏剧性的发展。从 5 月他们在试验田播种，到 7 月底收割称重，大约 70 天里，那个县只下了 1 英寸的雨。单一种植的大部分作物都死了，但组合种植覆盖作物长得异常茂盛。布朗说："那让我们明白，把这些作物种在一起有极大的益处。"他自己也开始进行覆盖作物组合种植。

布朗学习生涯的下一个提升发生在 2008 年，那时他在加拿大马尼托巴省的一场放牧研讨会上演讲。演讲完之后，来自萨斯喀彻温省的牧人尼尔·丹尼斯（Neil Dennis）来找他，说自己实验过另一种创新的放牧法，称为大群放牧。一般情况下，布朗在每英亩草地上放牧 5 万磅（大约 40 只）的牛，但丹尼斯的放牧量十分惊人，是每英亩 100 万磅。布朗熬夜看丹尼斯电脑里的照片，直到凌晨 3 点。接着，6 月里，他参观了丹尼斯的作业，土壤的健康程度令他十分震惊。

大群放牧的概念是以瓦赞和萨弗瑞的见解为基础的，也就是说，只要能控制牲畜待在某一块土地上的时间，即使牲畜数量非常多，也是对土地有益的。丹尼斯小心控制放牧时长，给植物留足恢复的时间，他发现草食动物对土地的有益影响会因为它们数量庞大而成倍增加：蹄子踏散了土壤的坚硬表面；草被拉扯啃咬，把碳基糖输送到土壤里；还有有营养的粪便、尿液和毛发四处散落，让昆虫和微生物分解。

就这样，布朗家有了一套土壤健康作业的三连胜农法：免耕种植与覆盖作物组合种植相结合，接着大群放牧。目前，他们将牛放到牧场上，而且让牛群在组合种植的覆盖作物里大快朵颐。他们并非没有其他创新做法，布朗说，他要求自己和保罗每年要有一次失败的尝试，或许更多，纯粹是为了确保他们在不断进步。比如说，大部分的牧人都会安排牛群的生育周期，让母牛冬末在畜栏里生产，布朗家却决定让母牛在 5 月生产，就在户外的鲜草中和阳光下。布朗说："在户外，母牛吃的是健康新鲜的食物，而不是干草或需要燃烧化石燃料才能加工出来的饲料。而且新生的牛有干净的环境，和美洲野牛、羚羊或鹿的环境生存没什么不同。"这项创新并没有失败！

农场上现在有了鸡和羊，动物对土地的影响和投入变得更多样。这些基本上都是布朗一家一向期待的：让农场上有多种产业，这样他们能用同等的面积获得更多收益，并能持续增进土壤健康。布朗初次见到尼科尔斯的时候，尼科尔斯告诉他，地下的生物群落与地上的一样庞大，而且对他的长期成功经营更重要。我到位于曼丹的研究中心拜访尼科尔斯的时候，她告诉我："要像思考如何管理健康的畜群那样去思考如何管理土壤里的生物。这些生物需要养分价值高又稳定的食物来源，需要良好的栖地，需要抵御疾病和掠食者。布朗管理他的牛群时，牛群恰好成了替地下生物群落改善土壤的工具。"

布朗带着访客们四处参观时，访客们欣赏的是母牛在绵延的绿草地上温和地吃草的模样，但他思考的是土壤中远比牛群庞大的生物群落，它们持续吃下碳基糖，将其转化成黑色的金子。

2012 年夏天，我去拜访布朗的时候，他已经很出名了，要在他演讲以及科学家和农业顾问参观访问的间隙安排采访，就像采访忙碌的摇滚巨星一样困难。他儿子保罗定做了一批 T 恤衫来纪念他的成功，海军蓝的 T 恤衫正面印着布朗的脸和"布朗狂潮！"的白色字样，背面印着"2012 年世界巡回演讲"，并且列出了他演讲的地方。我请布朗拿一件给我看，他谦逊地婉拒了。他的土地每英亩能出产 127 蒲式耳①玉米，比该县的平

---

① 1 蒲式耳 = 35.238 升。1 蒲式耳玉米大约为 56 磅。——译者注

均产量高出 27 蒲式耳，而且没用化肥、杀虫剂、杀真菌剂，只用了少量的除草剂。他生产 1 蒲式耳玉米的成本大约是 1 ～ 1.5 美元，而该县的平均成本是 3 ～ 3.5 美元。玉米和小麦卖到标准商品市场，牛卖给专门的草饲牛收购者。他农田里的土壤有机物含量从 1.7% 上升到了 5.3%，但他觉得这远远不够，希望它能上升到 7.3% 那么高。他儿子保罗则决心把这两个比例都提升到 12%。其他农民都觉得事业要成功，就要买更多土地，扩大种植养殖面积（多年来人们都这么认为），布朗却决定缩减面积。他赚的钱足够多，可以减少面积（他终止了 640 英亩土地的租约），这样他才能花更多心力优化管理。

我和比坦到达的时候，布朗正朝天上皱眉。远方一片向日葵田上方有架银色的农药喷洒飞机，正从后面喷出杀虫剂。布朗沮丧得像看到《绿野仙踪》中奥兹国的西方邪恶女巫在施法。他说："看了就不舒服。我可不要那东西飘到我的作物上。"

然后我们爬进他黑色的四门货车，从房子旁倒车离开，后面扬起一道尘土，他的边境牧羊犬"手枪"及时跳进了后车斗。我们出发去看保罗组合种植的 60 英亩覆盖作物，其中一半面积种了 19 种，另一半种了 26 种。这是他们土壤健康"自学课程"的另一项试验。我们开车经过北达科他州的乡间道路，这里的路名都很怪，南一大道或东南一〇二大道之类的，如此才能帮助消防队员和警察靠地图找到遥远的民家，不过十字路口放眼望去不见任何建筑，这样的路名显得很怪。我们开过绿色的农田，还有秣草已经收割并卷成金色柱状的农田。

保罗的田是绿的。向日葵高高扬起拳头大的花苞，周围密生着许多高度较矮、参差不齐的植物，向日葵仿佛直挺挺地站着，甚至没有根。我弯下腰仔细看，发现绿意中悬着小花，有白、有黄、有蓝。我瞥见下面的土壤露出粉红色盘状的芜菁和小红萝卜。"我们这里要种成森林树冠的结构。像雨林一样，冠层有上层、中层和下层。我们也要不同的叶型，不同的叶子形状。叶子替我收集太阳能。不论阳光的角度如何，我们都在收集最大量的能量。"布朗主要是对我说，而不是对比坦说（这些他都听过了）。

他伸手碰碰一朵优雅的蓝花。那是亚麻，他们种亚麻是因为牛群不爱吃。其实他们让牛待在田里的时间只够牛吃掉25%的植物组织（没错，牛会吃芜菁，但只会轻咬小红萝卜），其余的会被踩到地上，供应另一种畜群。布朗朝一枝荞麦伸出手，他和保罗种荞麦，是因为荞麦会搜刮土壤中的磷，让其他植物也可以利用。他指出根深达2.4米的植物，以及根浅的植物。他们希望植物填满土壤上方的空间，也希望根占据下方土壤剖面上的所有区域。布朗说："这是生物耕耘，是解决土壤压实的自然办法。"

他说话时，细脚的灰蜘蛛爬上他的手臂。白蝴蝶群形成的纱幕在他身后飘过田里。我提到昆虫真丰富时，他点点头说："有一天我们这里来了一位昆虫学家，他惊讶极了，就像走进糖果店的孩子。"

对有兴趣研究农业自然系统的科学家而言（或不是"喷嘴"

的那些人，"喷嘴"是一些人对惯行农法研究者的称呼，意思是他们喜欢喷洒化学药剂），布朗的农场确实像糖果店。来访的昆虫学家是美国农业部农业研究署的朗格，覆盖作物对昆虫群落的影响令他惊叹。

朗格在电话中告诉我："大部分农民认为一旦看到昆虫，就得杀掉。但世界上吃我们作物、伤害我们牲畜的害虫不过才3000种，而益虫的数量是害虫的3000倍，大部分我们甚至还没命名。喷洒药剂会摧毁大部分的昆虫群落，包括那些害虫的天敌。我希望我们管理田地的方式，能让那些益虫待在附近。"

而他在布朗田里看到的就是这样的情况。布朗其实不确定哪些植物会吸引农业害虫的掠食者，他只尽量确认他的鸡尾酒覆盖作物会吸引授粉者，并且提供良好的栖地给蜘蛛。他判断，他只要维持地面上的植物多样性，就会得到昆虫的多样性。虽然研究并未显示这种方式为何有效（朗格正计划着要协助了解这一点），但布朗知道他的方法确实发挥了作用。他十二年都不曾用杀虫剂，也没必要使用。

举个例，布朗就没有玉米根虫的困扰。玉米根虫是一种甲虫的幼虫，会吃玉米的根部，朗格说这是美国排名第一的农业害虫。美国每年用数十亿美元的杀虫剂清除这种害虫，但杀虫剂也会伤害其他昆虫群落，而且害虫对毒性产生抗性后还会产生超级害虫。朗格一直在研究其他昆虫的胃，想找出证据，证明哪些掠食者的胃里有玉米根虫的DNA，至今已经辨识出数十种。他解释道："只要我们提供正确的环境给掠食者群落，它们就会出现。"布朗的田吸引了掠食者，而朗格怀疑还有别的原因。他认为鸡尾酒覆盖作物改变了玉米株的根部结构，玉米根虫在那里会被掠食者逮住，因此冒险离开了根系的保护。2013年我和朗格谈话时，他已经将一份大型提案交给美国农业部，建议研究布朗田中多样化的植物和昆虫品种如何联手打败玉米根虫。

布朗的昆虫族群很活跃，或许就是因为这一点，喷除草剂的需求日渐减少。昆虫不只吃植物和其他昆虫，也以种子为食。农民所种的大部分作物，都是培育成结出大粒种子，对这些吃种子的小型昆虫没有吸引力，而杂草的种子很小，繁殖力强，会在一个生长季里冒出数以千计的种子（许多植物甚至是数百万）。遇到适当的昆虫，细小的种子就是美味的大餐。农民为了除掉一种害虫而杀光整个昆虫族群，可能无意间让杂草更容易称霸农地。

这些多样化的植物与昆虫族群对布朗的事业为何有那么正面的影响？布朗未必一清二楚，他只拥有说服自己和许多人所需的轶事型证据，可以证明事实就是如此。不过朗格乐于思考成功背后的科学原因，尤其是根本没有人想过要研究这些复杂的关系。这是伟大的合作关系，他说："我真的跟布朗学到东西。我虽然在帮他，但他也推动了我的研究计划，对我的帮助甚至有过之而无不及。他和一些改革派农民做的事，是农业的未来。"

其实这些改革派农人和牧人的一个特别之处，是他们积极和改革派的科学家合作。农业研究的庞大经费，常来自靠肥料或其他和自然作对的产品赚钱的公司，科学家的研究因此处处受限。靠这些预算生存的大学农学系也可能限制科学家。而改革派的科学家并没有这种顾忌。布朗也和土壤学家汉尼合作愉快。

汉尼任职于得克萨斯州坦普尔市美国农业部农业研究署。他生在农家，一直也想成为农夫，但20世纪80年代他大学毕业时买不起土地，于是投入土壤科学，过去十二年来都在耕作他研究站的81公顷试验地。他和都市子弟布朗不同，他的家庭教导他遵行传统农业的规则。他告诉我："我一直都在耕耘。直到几年前，我才想到我正在破坏自然精心设计来移动无机物、养分和水的地下系统。"

汉尼真正的土壤知识来自研究布朗和其他农民。他很快就明白，他分析土壤的方式完全不适当，而且早已落伍。目前使用的大部分土壤试验，是四十到六十年前设计的，反映的是过去的思维，将土壤视为化学物质的混合物，而不是活生生的复杂系统。他决定发展出可以反映这种自然复杂性的土壤试验。他说："我是自然的超级支持者。自然花在研究、发展上的时间大约有30亿年，而我试着在实验室里模仿自然在外面做的事。"

土壤样本照惯例都在烘箱里干燥，以达到相同的含水量，如此才可以比较。汉尼的一个革新是，他让干燥的样本再次湿润，然后测量24小时之内散失的二氧化碳。样本干燥的时候，土壤微生物会休眠。再次湿润的时候，土壤微生物会醒来，重新工作，再次呼吸。释放的二氧化碳表示微生物群落的活力，以及土壤的总体肥力。汉尼起先试图发表一篇论文，内容就是这套先干燥再重新湿润的方法，但某家期刊的一位评审员评论道："不能这样。这样太简单了。"

汉尼也发展出一种方法，可以更了解土壤的养分。传统的土壤试验用很强的化学药剂萃取样本里的无机物，不过汉尼觉得这些化学药剂会萃取出植物其实无法利用的东西，因此产生错误的数据。于是他根据根分泌物的化学性质，研究出自己的水溶性萃取物。他的试验也会寻找各种养分的所有形态。例如传统的土壤试验一般只看无机氮，但他观察到，即使土地的无机氮含量只达到专家觉得足够的一半，植物也能茂盛生长。汉尼的试验使用过去十年才发展完备的科技，也测量其他试验忽略的有机氮。

汉尼提供给农民的资料，能更准确地描述土壤里真实发生的状况，他也建议在鸡尾酒覆盖作物中混种草类和豆科植物，以便充分利用大部分土壤中现存的庞大氮储藏。如此一来，农民就可以大大减少氮肥的用量，这样对环境十分有益，也会替农民省下大笔开销。汉尼说："这些肥料由于非常便宜，五十年来一直被当成保单来用。现在情况不一样了，靠少一点肥料撑过去，好处多了不少。"

或许柏拉图说过："需求为创造之母。"而农民与牧人这些日子面临着一些严苛的挑战。化肥的费用攀升绝对是其中之一，另一个是气候变化使得天气模式无法预测。土壤微生物学家尼科尔斯怀疑，伯利县的农业学家之所以比较创新，愿意改变，是因为他们在极为严酷的气候中工作——生长季短，经常干旱。不过就像美国其他地方在 2012 年的干旱中所发现的，没人能确定雨该来的时候会有丰沛的雨水。现在的挑战是培养健康的土壤，以便充分利用每一滴雨。

我们离开保罗的田，碾过一条碎石路，往布朗的一块玉米田开去。然后布朗农场参访之旅的高潮来了。他随身带着一根1.2 米长的细金属杆。他告诉我，那是湿度探测器，之前他一直用这杆子来指出保罗田里不同的植物和昆虫。这时我们走进玉米田，这块田似乎比任何邻田都高了 30 厘米。他把金属杆推进一小块裸露的土地里，然后，他把整整 1.2 米长的杆子推进地里，一路推到他的指关节也没入土中。

"真不敢相信！"我想我当时大概惊讶得录音机都掉了。"再做一次！"

于是他走到一两米之外，再次把杆子插进土里，然后拔出来递给我。

"你来试试。"

我的手臂远远不像布朗那么结实。他手臂的肌肉凸起，我的却软塌塌。我不大觉得自己会成功，但还是接过杆子，推进地里。我试了几个位置，每次都深深插入，直到指节。我从 25岁起就在后院做园艺，知道这有多神奇。我用一袋袋堆肥呵护我的花床多年，从来不曾获得那样的土壤。我在克利夫兰的草坪连一根叉子都几乎插不下去！而布朗靠着管理这块严苛的土地，让土地富含大量微生物，这些微生物形成的团块甚至深达1.2 米。1.2 米深富含碳的土壤，等于几十亿个盛水的迷你杯子。

布朗耸耸肩说："我不担心干旱。"

我们在布朗的另一块玉米田和一片花田里试了湿度探测器。他在那片夸张的花田为家人和当地的食物银行种了 75 种花和蔬菜，那是片营养的丛林，走到哪里都会踩到像花束那么大的蔬菜。湿度探测器唯一插不进去的地方是他邻居的田，他邻居是免耕农民，还没尝试过鸡尾酒覆盖作物和布朗的其他创新。

如果所有农业都按布朗农场的方式进行呢？我们在他的农田四处走了一天之后，坐在谷仓里谈话，看比坦准备的投影片。比坦收集了几个科学研究，内容都是"对未来友善的农法"，数量少得可怜。甚至只需要两三种覆盖作物，都能使得进入流域的泥沙径流降低 90%，肥料径流则降低 50%，每公顷可以留住2.47 吨的二氧化碳。比坦合计他测量到的简单覆盖作物与其他有效措施的影响（虽然这些研究没用其中的任何措施改善土壤健康），推测美国耕地用这些措施能吸收美国温室气体排放量的5%。不过他觉得估计值远远小于真正的潜力。

他问："如果你尽可能让土壤达到最大值呢？土壤能吸收我们温室气体排放量的五分之一吗？有些人觉得我们办得到，只不过那种科技目前还不存在。"

健康的土壤如何影响北达科他州和美国其他州每年的洪水？洪水每年造成大约 80 亿美元的损害，州政府花了几十亿元预防

洪水，光是北达科他州就计划投入近 20 亿元在法戈附近建造 56
千米的疏洪道。但如果雨不会流失，而是像在布朗农场上那样
穿透土壤呢？他花十五年培养出这种健康土壤，用来吸收大豪
雨（豪雨又是气候变化的另一个老生常谈）。不过现在布朗不大
担心洪水了。1993 年，他在一座田做了渗透试验，结果显示他
的田每小时只能吸收 12.7 厘米的雨水。2012 年的试验显示，同
一座田现在每小时可以吸收 200 厘米的雨水。

许多土壤学家都关在实验室和试验地里，但尼科尔斯的工
作迫使她和农民待在一起，努力让科学满足他们的需要。此外，
她对外面发生的事非常有兴趣。她父亲是明尼苏达州的农业官
员，她的家族接受农业挑战的历史悠久。我去曼丹拜访她的时
候，她笑了一声，说："我原来的工作可能是研究真菌。一种真
菌在爱尔兰造成马铃薯饥荒，我的家族因此来到这个国家！"

她帮助布朗改变，而布朗也帮助她改变了。她告诉我："有
时候教育可能造成局限。我们觉得我们只能做到某个程度，但
布朗、李希特和其他人让我看到，我们可以做到更多。他们让
我看到不可思议的事。"

尼科尔斯在她的同僚之中特立独行。不是所有人都相信人
类可以固定足够的碳，把碳稳定地储存在土壤中，影响全球变
暖。他们看的是土壤中最顽固的碳，即腐殖酸，也就是微生物
已经吃下、消化过太多次、几乎没有活性的土壤碳。要知道，
那样的发展需要数百年，甚至数千年。其他土壤学家中，有些
人没把土壤中形态没那么浓缩的许多碳放在眼里，因为那样的

碳比较容易散逸到大气中。但尼科尔斯指出，像布朗这样的农民加进土壤里的碳，比从前任何农民都还要多。而且他们有高密度的覆盖作物，加入的碳大多来自根分泌物，会较快变成腐殖酸。她说，简而言之，其他科学家并不熟悉伯利县农民以及美国各地农业先驱的创新。

尼科尔斯解释道："我们用覆盖作物和牲畜做的一些事，增加的价值远过于传统的老办法。那样可能恢复大草原原有的碳含量吗？我个人认为有可能。"

我之所以喜欢伯利县农民和牧人的故事，还有另一个原因。大部分人觉得理想的农业很奢侈，是程序设计师那类"精品农民"的专利。布朗和他的同伴让我们看到，只要了解自然，和自然合作，农业就会变简单、变便宜，不会比较难、比较昂贵。

汉尼告诉我："只要我们不碍事，自然会完成大部分的工作。"布朗所走的，正是阻力最小的道路。他不再像以前那么常在田里开重型机具。他几乎不喷洒任何化学药剂。他的两种畜群（牛群和微生物）替他清理农田，而他不再想要因缺乏环境筛选而在遗传上被惯坏、不知怎样当母牛的母牛。

他把牛群放到积雪的田里，期望牛群用鼻子把雪推开，吃埋在雪里的覆盖作物。他期望牛群设法用雪满足自己的水分需求，这样他就不用把水拖去给牛喝。如果牛办不到，他就卖了牛，再投资更健壮的牲畜。

我们的土壤之旅来到李希特的农场时，李希特跟大家说了些故事，提到当年他和兄弟想改变常规时，父母很反对。不过几年前，他自己也对这些方式不以为然。李希特兄弟是第三代农民。他的祖父在尘暴那几年买下了农场，他父母在那里养大14个孩子，目前还住在那里。

李希特告诉众人："以前我常看到布朗带着他的土壤色卡，满口都是水分渗透，我觉得都是鬼扯。"他身材高大，身穿运动T恤，胸膛和手臂显示他常健身。"我正在耕耘，心里想着，水怎么可能不流下去！但我对抗的是砂质的土壤，不得不改变。"这时他的手挥向一片田，那片田从前硬到很难把犁插进去，现在他采用免耕，种植覆盖作物，让刚断奶的小牛在上面吃草。他土壤中的有机物含量比例从 0.8% 升高到 2.6%。而且他正在减少除草剂，肥料的用量减少了 15%。

他和他的兄弟工作得更少，现在星期天可以休息了。那真的令他们的父亲非常惊讶，他们的父亲从前深信农人必须在农场上辛勤、单调、没完没了地工作，只要男孩看起来像在偷懒，他就会要男孩抬个铁砧，走到哪带到哪。

我在布朗的地下室把这故事转述给布朗听，他哈哈大笑，说："我老是逗我的伙伴李希特，说他动作不够快。他们得除掉所有的商业肥力。他们得把那些乳牛带出去放牧。他们要割草，再把草带去给牛。许多年前，我们也会那么做，但我们想让自然自行运作，让牛去工作。"

他把帽子戴回头上，说："李希特得懒惰一点。"

第五章
靠碳赚钱

我在左手食指上系着一条红缎带，从珀斯机场开了将近两小时的车到鲍勃·威尔逊（Bob Wilson）家。每次我要转弯，或对面有车子开过来，我就晃一下这条带子。"靠左行驶，靠左行驶。"我反复念叨着，努力让自己行驶在正确的那一边。"要当左派人士！"说实在的，我不懂为什么澳大利亚政府允许美国人不上课就能在当地开车。我为了写《喀布尔美容学校》那本书在阿富汗待了好几个星期，那时也没有从珀斯机场的停车场开出去那么害怕，就连我当初开车穿过据说是亲塔利班的地区，也没那么惊慌。我想，我的生命更可能结束在澳大利亚一辆迎面而来的卡车车头的镀铬条上，而不是某个无足轻重的塔利班成员手里。而且我还要担心可怜的卡车司机。

　　我终于开上了一条叫米梅加拉的乡间小路，朝威尔逊的农场开去，但恐惧并没有消失。我离开美国之前，他才在电子邮

件里告诉我注意事项，其中有这么一条："如果有袋鼠在你面前
跑过，要直着往前开。别试图刹车或闪避！"我的车速慢到蝴
蝶都能超车，不过幸亏没有袋鼠从路边的灌木丛中跳出来，逼
我验证威尔逊的指示是否正确。他说，他之所以那么写，是因
为我如果试图刹车或闪避，很可能还是会撞上袋鼠，而且会翻
车。我慢吞吞地前进，注意到路上有一堆堆毛发和发黑的兽皮，
那是袋鼠和车子不幸相撞的残迹。我自然也看到了路边的白色
粉末，不过没停车查看那是什么。某种肥料吗？灰烬吗？

　　我到达威尔逊的农场时，才意识到那是什么。我错过了通
向他家的公路，开到了一座小山上，沿途都是垂死的松树。虽
然脚下显然还算是路，但我的车子陷了下去，轮胎打滑。我打
开车门，低头一看，那是在细白沙的山坡上长出的薄薄一层野
草野花，就像白色骷髅戴着一顶绿色假发。

　　我倒车下山，停在威尔逊家附近，他的㹴犬发现了我。之
后他告诉我："是啊，我们这里基本上是在一座巨大的沙丘上。
古代的水位线在那边，就在达令崖那里。"他指向山谷对面一道
长长的绿色山脊，我从珀斯开过来的路就在山脊的西边。

　　威尔逊和他妻子安（Anne）曾表示要带我去西澳大利亚
拜访一些土壤健康的热情拥护者。其中许多人都受到克里斯蒂
娜·琼斯（Christine Jones）的影响。琼斯曾是研究绵羊的学者，
后来对食物如何影响羊毛质量产生了兴趣，接着对土壤如何影
响绵羊的饲料产生了兴趣。1981年，琼斯还是新南威尔士州新
英格兰大学农学与土壤科学系的研究员，她开始跟农民谈起他

们的土壤，说服许多农民相信成功的关键在于地下的碳宝藏。她很清楚如何培养碳，她鼓励农民始终用绿色植物覆盖土地，让根系用分泌物喂养土壤微生物——她称之为"液态碳通道"。澳大利亚的阿伦·希尔（Allan Hill）和凯·希尔（Kay Hill）夫妇在电视节目上看到琼斯如何打造健康的田野之后，景仰不已，自愿提供 12.5 万美元资助她的事业。琼斯用这笔钱设立了一系列年度奖，奖励农法得当、土壤健康同时还能盈利的农学家。2009 年，威尔逊率先赢得了"希尔夫妇绿色农业创新奖"2.5 万美元奖金。他在接下来的几天里带我四处拜访西澳大利亚其他杰出的农民。之后，我飞到澳大利亚东岸，在新南威尔士州海岸附近比加河谷里的比加小镇参加琼斯的第四届颁奖典礼。

我到达不久，威尔逊就带我出去，赶在太阳下山之前让我看他的农场。走回车子很辛苦，每次踏在裸土上，沙子就会粘住鞋子，很难想象有人能在这沙子上种任何东西。威尔逊告诉我，如果他采用常规农法（在澳大利亚的这一区域，常规农法是指犁田、种下浅根的一年生牧草和苜蓿给牛吃），他早就失败了。然而威尔逊和布朗一样富有创新精神，多年前就开始测试他的新构想了。1985 年，他开始在旱季种植一种豆科金雀儿属的灌木给牛吃，同时希望能避免表层土被风卷走。他的愿望实现了。他现在有超过 2500 英亩的牧草地上纵横种着一排排金雀儿绿篱。

接着，在 2003 年，他采取了比这更进一步的措施，种下了亚热带多年生牧草。和布朗一样，他在进行这项创新实验时也有一个同伴：澳大利亚农业与食品部的推广官员蒂姆·威利（Tim Wiley）。这步棋很令人焦虑，他们并不知道哪种植物能长好，甚至根本不知道能否种活，而且种子也很昂贵。不过新的牧草欣欣向荣，而且因为它们是深根的多年生草本植物，所以耐得住西澳大利亚越来越难以捉摸的反复无常的气候。

北达科他州的马琳·李希特曾经跟前来参观的农民和自然资源保护局的职员说，农民可不能是笨蛋。"从前，只要有强健的身体就能种田，头脑不好也没关系。现在可不一样了。"

西澳大利亚这些农民就像李希特、布朗和俾斯麦附近的农学家一样，自己学到了土壤健康的知识。威尔逊告诉我，农业和畜牧业在国内生产总值（GDP）中的比重越来越小，澳大利亚政府已经缩减了农业部的预算，农民于是自发组织起来，为自己的田野试验寻求赞助。威尔逊就是其中一个团体的领袖，这个团体名叫"常绿农业"，他们设计了一种口气狂妄的保险杠贴纸（我的冰箱上现在就贴了一张），写着"让我们看看你的草！"。在威尔逊种下多年生牧草四年之后，他和威利检验了从表层土到地下 3 米深的土壤碳含量。多年生牧草和金雀儿绿篱下面的碳比一年生牧草下面要多，这并不意外，因为不犁地就可以避免健康的土壤生物群落受到破坏，而且多年生牧草和灌木让土壤里整年都有生长中的根系，如此就有碳基糖喂养微生物。威利写了篇详细的报告，指出多年生牧草或许在积存土壤碳、缓和气候变化上扮演了某种角色。他还引用了威尔逊土地上的一些数据，并把这份报告提交给了一个由议员组成的气候变化与农业调查委员会。2008 年，他们与其他几个团体共同受邀，和琼斯一起向近二十位议员做报告。

威尔逊对我说："大多数团体谈的都是气候变化将会造成的农业问题，以及他们多么需要经费做研究。他们消沉又悲观，只有我们这个团体说我们觉得自己可以解决问题。"

威尔逊把那些挖掘机挖出的检验土壤碳的坑洞（由于他的土是砂质，碳看起来有点像香草海绵蛋糕上烤过的巧克力）指给我看，并且带我看他的新试验，试验内容是比较不同的有机土壤处理方法。接着我们开着他的越野车呼啸而出，要把逃跑的牛赶回来，狠犬就蹲坐在他的右膝上。威尔逊在这块沙丘上租了 5000 英亩的土地，养着 1000 只牛。他把一些牛送到以色列的一家养殖场养肥，然后卖到欧洲去。我们从金雀儿绿篱旁呼啸而过，这些灌木就像一座绿篱迷宫，坐落在长满黄色雏菊的牧草地中央。在一片田野的边缘，威尔逊停下车，指着几只沿着栅栏跳动的动物，鄙视地说："鸸鹋。这些该死的笨鸟会卡在栅栏上，破坏铁丝。"我们穿过几片小牧场（他让他的牛在一连串草地上移动，全年都以萨弗瑞的方式放牧），最后发现了逃跑的牛。威尔逊用越野车赶它们回去，绕着它们开车，它们一慢下来，他就猛踩油门。当威尔逊成功地让一头公牛快步走开，另一片草地上有只公牛哞叫着，徒劳地向他发起了攻击。

回到餐厅，我和威尔逊坐在桌旁谈话，这时他的妻子安在厨房里提问，打断了我们。她问道："你要把你肮脏的小秘密告诉她吗？"

他红了脸，被太阳晒浅了的眉毛在他晒黑的脸上更明显了。他说："对……我不再相信气候变化了。应该说，我相信气候在改变，从20世纪70年代中期以来，我们西澳大利亚这边的气候真的和以前完全不一样了。全年的雨量变少了，而且大部分降雨都是在生长季以外的时间。不过我不相信这是人类活动造成的。"

他是气候怀疑论者！我听威尔逊说过他关注的网站，包括澳大利亚人乔·诺瓦（Jo Nova）和美国人安东尼·瓦特（Anthony Watts）的网站，因此只感到微微的讶异。他回忆起他读过的一些内容，比如全球温度曲线图没有提到中世纪有一段温暖期，这意味着气候变化是自然发生的；比如有些冰盖的检测结果显示，二氧化碳浓度是在温度升高之后才升高的，而不是在温度升高之前，这表示暖化的元凶不是大气中的二氧化碳。这些都让他对气候警报产生怀疑。

我对此毫不意外，农业界人士常常不相信气候变化是人类造成的。美国农场事务联合会是美国最激烈地质疑气候变化的组织之一，宣称有七成的美国农民和他们立场一致。戴维·米勒（David Miller）是艾奥瓦州农场事务联合会的研究部与产品服务部主任，本人也是农民。当我和他谈到应该因为土壤碳对所有人都有益而奖励农民时，我们稍微讨论了一下农业社群对全球变暖的感受（我避免从科学层面来谈）。他说："全球变暖的呈现方式在一开始就有缺点。大家都觉得科学家被政客收买了，这影响了科学家的信誉。我们越亲近土地，就越觉得之前走了弯路。但大家在争论全球变暖的问题时，却没有考虑到这一点。农民所知道的事完全被忽略了，或者被搁置了。"

威尔逊在 2008 年议会听证会上发言时还相信气候变化，之后虽然改变了想法，却仍然觉得他应该尽一切努力培养土壤碳，并引起世界注意。首先，他看到他用多年生牧草培养出的土壤碳能帮助土壤留住落在沙丘上的雨，提高土地的生产力，防止侵蚀。他土地周围的环境也因此受益。其次，澳大利亚可能成为第一个付钱给农民，让农民培养土壤碳以对抗全球变暖的国家。威尔逊或许是气候变化怀疑论者，不过，如果有人因为他种下了另一种"作物"而奖励他，他可不打算拒绝，何况这种"作物"对他的农场和大众都有益处，而且他多年来也一直悉心呵护。

2012 年，在澳大利亚工党执政期间，一项名为"洁净能源未来"的计划开始对澳大利亚的碳排放大户——能源公司、运输公司和其他大量排放温室气体的工业企业——征收每吨 23 美元的碳税。一般认为，农业的碳排放量占全球的 13% ～ 14%，但农业没有纳入征税范围。其实，澳大利亚的"农地保碳倡议"给农学家提供了一个机会：他们在土壤里储存碳，减少了农业用地的温室气体排放，因而可以要求得到一定补贴——钱就从这笔碳税中来。我在 2010 年 9 月造访澳大利亚的时候，唯一受到官方认可的储存碳的生物方法，就是种植树木并且保证在一百年之内不砍伐。这让农民怨声载道。在他们看来，2050 年全球人口预计会增长到 96 亿，在这样的危机下，把现有的农田变成森林，实在说不通。他们希望农地保碳倡议可以扩大奖励范围，如果土地管理做得好，增加了土壤碳，也应该受到奖励。世界各地的农民把这样的土地管理称为碳农业，至少 2006 年以来就是如此。那一年，佛蒙特州的亚伯·柯林斯和别人共同创立了一家公司，名为"美国碳农"。

"美国碳农"想将碳汇当作商品（即碳权）出售。农民可将大气中的 1 吨二氧化碳转化为土壤中的 545 磅碳，买主是任何想投资土壤再生产业的人，或是想弥补自己的碳足迹的人。柯林斯的团体也拟订了营销计划，为他们的产品申请认证，向消费者保证他们的食物不只有营养，还有助于减缓气候危机。这个计划虽然最终没能实施，却令人很受鼓舞。

不过实际（就像澳大利亚政府打算花在农地保碳倡议上的 17 亿美元碳税税款一样"实际"）的钱在易手的时候有个可能的风险：要计算土壤碳封存的报酬，会缓慢又饱受争议。这多少是因为土壤并不透明。没人怀疑树木可以移除空气中的碳，并将其以稳固的形态锁在土壤中。那就发生在我们眼前，然而我们无法直接看到碳。我们对土壤的了解通常不如其他生态系统，因此要说服政策制定者和其他人相信土壤可以吸收并储藏碳格外困难。

培养土壤碳的潜在益处很大，它不只会使农场的生产力提升，水道更干净，田野更健康，还能减缓全球变暖。有人发明了一些通则，使这种生物账转化成经济账。每吨土壤储藏的碳大概对应着空气中 3 吨二氧化碳，即使各方各派对此都毫无疑义，但如果要开展以土壤储藏碳的项目，仍需考量如下几个因素。第一，储藏的碳量必须可以测量，才能记账。第二，储藏碳的活动必须是额外的，这表示采取免耕或覆盖作物措施的农业家必须是首次采用这些农法，很可惜，布朗和威尔逊等早期实践者会因为这个条件被弃而不顾。第三，培养土壤碳的过程中不能有碳泄漏，也就是说，别处的土壤碳不能因此减少。如果一个农业家采取的某种措施使自己土地的生产力下降，而其他农民或牧人因此必须采用会破坏土壤碳、把碳释放到大气中的传统农牧方式来补足粮食供应量，那就是碳泄漏。换句话说，土壤碳的总量并没有增加。第四，碳的储藏期必须有一定的时长，而这个想法引起了一些激烈的争议，主题就围绕着"永久"的概念。比方说，有个农民或许在土地上培养了五年的土壤碳，但如果她把农场卖给别人，那人把土地变成住宅开发地，如此一来，积蓄的碳就会在推土机推过后散逸到空气中。当土壤碳和微生物、真菌群落都被切开割碎之后，即使是形态最稳定的土壤碳，也会在几年之内分解，就像树木储藏的碳会因为燃烧而释放到空气中。为土壤碳封存而付钱的人当然不希望这种事情发生，但实际情况是，农地会易主。

米勒告诉我："纳入'永久'这个概念，会让这个计划变得不切实际。不少农地签的是年年更新的契约。根据我们的经验，在五年内，大约 17% ～ 20% 的土地会更换经营者。变动可不少。"

一个复杂的生物系统里很少有什么是永久的，这很难计量！当然了，就算煤也不是碳储藏的永久形态。或许只有钻石是永久的。不过世界各地都有聪明人在努力制定协议，不管在自愿市场还是规范市场，根据这些协议中详细、科学的规定，都能查证、奖励那些可以储藏土壤碳或以其他方式减少温室气体的措施。

有了自愿市场，公司和其他组织如果想用环保行动来取悦顾客与股东，就可以向土壤碳封存或者减少、防止温室气体排放的从事者购买碳权。有几个非营利组织制定了一些协议，让碳权有据可依。他们围绕特定农法的影响，从通过同行评审的研究中找出最优秀的研究结果，整合起来，详尽地叙述土地经营者必须做什么，然后每年查核，确认土地经营者按计划进行。2012 年，美国自愿市场核发的碳权超过 1 亿美元。

规范市场是因应政府对温室气体的管制而生，要求排放温室气体的大型企业减少排放，或以购买碳权来弥补排放量。重要的规范市场包括"加州排放交易方案"（2013 年才开始运作），以及"欧盟排放交易制度"。加州的方案采取的协议是为了自愿市场而发展出来的，经微调后已符合加州法规。

许多改革派的牧人和农民自告奋勇帮忙发展协议。莫瑞斯曾任职"环境保卫基金"以及"美国自然保护协会"，现在是"美国碳登录"的加州分部主任。"美国碳登录"是非营利组织，为自愿市场发展出协议，任务是登记碳计划，监督第三方进行的查核，确认农业家确实防止了温室气体排放，或是培养了土壤碳，并释出可以转卖的碳权。莫瑞斯解释道："他们之中有许多人觉得自己迟早会受到管制，因此想要有发言权。举例来说，加州的稻米产业人士就认为未来会有管制，他们希望确保自己做对了，因此正和我们一起研拟一份甲烷减量的协议。他们也希望机会来临的时候，他们可以利用新市场得到额外的收益。"

即使是与全球变暖的商机无关的人，也逐渐关注健康的土壤。农业与自然资源经济学家榭尔在电话里告诉我："现在有许多团体在做大规模的复杂分析，想知道健康土壤和健康田野的价值。我认为这情况会扩大到政策上，而人们越来越意识到，有些土地管理能提供各种生态系统服务，而忽略这种管理，我们会付出代价。"

"生态系统服务"听起来像废弃物处理公司的名字，不过这个名词其实是在宣扬富含碳的健康土壤对几乎所有人都是双赢（孟山都和其他基因改造生物与化学农业的供应者很可能是例外，如果农业的再生模式变得普遍，他们恐怕会在 21 世纪变成古董）。我在 2011 年奎维拉联盟的研讨会上首次听到柯林斯演讲，美国或许就数他最能用激励人心的方式，主张土壤碳是地球上支持生命最基本、最重要的基础架构。他滔滔不绝地列出一串健康土壤可以解决的灾祸。健康土壤不只能把水留在土里，拦住的水慢慢渗入溪流和蓄水层的时候，微生物还会吃掉其中的污染物。蓄水可以减缓洪水和野火，土壤团块本身又能防止水和风的侵蚀，这表示污染空气的微粒减少了，所以健康的土壤也能带来更干净的空气。此外，健康土壤的生产力很高。柯林斯向群众声明："这是农民的机会。我们知道怎么培养表层土。我们不只能保育目前已经退化的田野，还可以修复土地。"

接下来几年，我经常用电子邮件和电话与柯林斯交谈，最后在我北达科他州之行的下一个星期，我到佛蒙特州拜访他。第一天晚上，我入住旅馆几分钟后，他就敲了我的门，问我是想要好好休息，隔天早上再见面，还是在他开着牵引机在田里喷洒鱼和矿物质的液体混合物时，坐在牵引机的马鞍座上喝杯琴通宁？

我问："也喷洒生乳吗？"我知道他也开始在田里喷洒处理乳品剩下的脱脂牛奶（卖不了多少钱）。内布拉斯加州的推广部职员龚培德和当地的一些农民发现，土壤微生物很爱脱脂牛奶。这类新发现在再生农业的世界里流传得很快。

柯林斯摇摇头说："没有牛奶。"接着又说："抱歉，我身上有鱼味。不过下完雨的夜晚喷这东西很好。"

绿丘化为黑暗，云在天上凝结时，我跟他去他正在打造的农场。柯林斯在一座谷仓旁设了类似吧台的东西。他在锯木架上搭的粗木板上切了一些莱姆，在两个梅森罐里倒入亨利爵士琴酒和一些通宁水，称这是"琴尼亨利"的典范，然后去和红色牵引机后面的装备搏斗，让我啜饮我的饮料。牵引机前方有两盏小灯，叉具也升了起来，看起来就像准备攻击的龙虾。他压过引擎的噪声喊道："我真的欣赏低输入的农业，不过有时就是得启动机器。"

柯林斯跟布朗一样，都不是农家出身的农民。20 世纪 90 年代，他住在亚利桑那州的纳瓦霍保护区的"硬石分会"，参与当地主导的计划，取得水，拯救沙漠化的土地。当时年轻人使用永续农业的技术，建造沼泽地去取水，在峡谷中搭起蛇笼，种植树木。

一些年纪较大的纳瓦霍人告诉他，他们从前的做法比较接近游牧，比较健康。他们放牧牲畜，移动牲畜，直到草长起来才回到同一个地点。之后，他会听到那样的观念也出现在萨弗瑞的信念中。萨弗瑞相信，脆化环境里田野的健康，有赖间歇但激烈的大群牲畜放牧，让牲畜表现得像有掠食动物在场。

柯林斯回到佛蒙特州，开始务农，完全发挥他的所学。他兴致勃勃地研究土壤健康和田野的整体功能，就如同他兴致勃勃地迎接每天的挑战：维持牛群面前有牧草可吃。他深入阅读农业文献（约曼斯、瓦赞、霍华爵士、小罗岱尔、萨弗瑞、布罗姆菲尔德、赛克斯、透纳等人的成果），在研讨会上和世界各地的农人谈话。他试了他们对放牧的微调和一些自己的办法去改善农场。他取了些样本，发现佛蒙特州的蓝黏土上覆盖的上好黑色土壤不再是去年的 20 厘米，而变成了 40 厘米，于是他明白他有了真正的突破。

柯林斯一边和红色牵引机后面的装备角力，一边谈起他把培养土壤碳当作谋生的新方法。他开了柯林斯放牧公司，提供服务给有资金投资老旧农场的客户，从土壤开始建立健康的农场（农场或牧场的首要基础设施是土壤，在那里的所有组成都应该对土壤的健康有利）。举个例，我拜访时他正在建造的那座农场就投资了轻型电篱笆，让整体牧人划出许多小块的牧草地，打开篱笆就能让牛群从一块牧草地移动到另一块。一个人，加上几千米的通电围篱，就能跟萨弗瑞那群牧人一样巧妙地控制畜群。农场主人也通过柯林斯投资牛群，这些牛群足以产生许多动物在完美掌控的时间里对土地的影响。一般而言，柯林斯的客户都等得起，愿意让土地慢慢从耗竭的传统农场转变成富含碳而生产力旺盛的农场。

柯林斯说："我可以替他们培养一堆土壤。这是我的生意新计划，替我的客户从土壤开始建立统包农场，用最先进的再生农业观念经营田野。这样的土地很昂贵，不过要做到靠土地赚钱，需要许多努力才能达到。"

把精品农场整合在一起，或许是柯林斯谋生的理想方式，不过他对土壤健康的远见完全不会被限制在这些特定的土地上。隔天我们谈了一整天，他解释道，许多城市花了数十亿元处理耗竭田野的下游问题。他们必须建立基础设施去避免洪水，让饮用水通过各种处理的迷宫，然后变得适合饮用。柯林斯说："付钱给土地经营者，让他们重新培养土壤，是非常聪明的都市计划。"

几个月后，他传给我一篇富比士博客贴文的链接，文章的论点一模一样。记者齐威克在文中指出，2012 年，29 个国家的两百座城市已经决定不再建造新的自来水厂和水库，而是投资于集水区复育，减少下游的污染。在 2008 年，这个数字只有 2012 年的一半。齐威克引用《生态系统市场》里的一份报告，说在 20 世纪 90 年代，光是纽约市就省下建造新净水厂的 60 亿美元。纽约采取一些便宜的办法来改善供水，包括付钱给上游的卡茨基尔山农民，改变他们的土地管理方式，减少他们土地上的径流，最后减少湖和溪流里的污染（而城市的饮用水就是来自这些湖和溪流）。投资上游农民不只替纳税人省下不少钱，这种"天然"的净水系统在飓风珊迪呼啸登陆破坏供电的时候也持续运作。依据齐威克所说，美国有 67 个类似的计划。全球花了超过 80 亿美元改善集水区的自然功能，希望保护下游的水质。

所以每次柯林斯发现他和其他农民的土地管理产生更健康的土壤（还有附加好处，包括生产力提升、水分渗透改善、侵蚀和径流减少、生物多样性增加），就忍不住想象如果有一千个农民加入他正在做的事，集水区会受到什么的影响？他忍不住思考复育集水区的急迫需求。他告诉我："和植物合作，把空气和水变成有机物质的这个生物程序，把底土变成充满生机的有机表层土，这要花多久？我想答案还不确定，所以我们需要监测，并且接纳离群值和异常现象。"例如喷洒生乳。"不过，是人类把自己推入困境，而土壤的形成很缓慢，这一点让我们无法从困境中脱身，我们必须在紧凑的时间范围内让土壤再生。"

若有人以为柯林斯会变成某种怀旧的反科技分子，他会很快就改变想法。柯林斯喜爱科技，多年来也参与开发一个网络上的决策支援工具，有了这个工具，农民就可以用众包的方式来创新，并将成果传送到世界各地。他说："亚历山大城的图书馆被焚，是历史上莫大的信息损失。但对我来说，每天都有类似的情况在发生，我们不断失去农场和牧场产生的信息。人们发现那么多的事，那是火花和火焰，也许有人写了下来，不过信息科技让我们有机会把世界联结起来。"

柯林斯也渴望看到高科技监测管理中的田野。他和伙伴"美国碳农"需要展示自己土地上土壤碳的增加量时，他被勾起了兴趣。这样的监测不只让农民和牧人多了一种判断土地管理效率的方法，也向需要用数据才能说服的人证实，土壤碳确实可以增加。

土壤碳的检测方式通常是在一个示范区采取土心样本，干燥之后进行分析。这种技术有个很严重的问题，这问题让人开始批评付钱给农业家培养土壤碳的概念。问题在于土地的差别非常大，砂、黏土、粉砂的含量不同，地形不同，人类和动物的利用模式不同，风化作用不用，而一个土心样本的土壤碳含量可能和 1.5 米外取得的另一个土心样本截然不同。即使在同一个示范区，数值的差异也可能高达 2%，而对土壤碳而言，这是不小的数字。土壤学家鲁尼的专长是将地质传感器小型化，他在十五年前想出方法把专用传感器和软件结合起来，准确分析了整片土地的土壤性质。鲁尼告诉我："我不只能把土壤此时此刻的情况告诉别人，我也可以告诉他们，采用某种经营方式之后，他们可以预期土壤会变成什么样子。那很重要，因为这关乎示范区之后进步的能力。"

鲁尼的技术主要用在葡萄之类的高价作物，以及所谓的精准农业，也就是先详尽了解土壤的状况，再依据此了解，运用大规模的作业去把某一作物的灌溉和施肥降到最低。他已经把他的科技用在中国、北非、欧洲和美国，帮助工业化的农业提升效率，减少浪费。但他也和柯林斯合作，从或许是世上监测最完善的有机农场得到土壤数据的基线。

河口岛村农场位于弗吉尼亚州蓝脊山脉的山麓丘陵，1971年以来，这里就收留了智力障碍的成年人。建村任务之一是进行环境研究（根本的信念是生活在健康而有生产力的土地上对人类有益）。2011 年，河口岛村雇用柯林斯和鲁尼在村庄 113 公顷牧草地的 25 公顷土地上建立碳的基线，社区的人很好奇两人在农场管理牛、羊、鸡的方式会如何改变土壤。那一点点信息让他们渴望得到更多数据去了解土地的改变。他们发现一个全球的"观测站"运动，主要是用感应的基础设施去察觉环境变化，把信息导入软件，由软件协助分析、支援决策。

河口岛的农场经营者崔弗斯接受这个把农场变成观测站的想法，观测站将提供给对健康土地有兴趣的私人赞助者使用。河口岛观测站就这么诞生了。除了比较常见的农业工具之外，那里的员工也使用探测器测量土壤表面 10 厘米处的体积含水量，并且用贯入仪测量土壤压实的状况，这两种仪器都连接了 GPS系统。每次移动牛群，他们都用 iPad 照相，并评估裸土的面积。他们有水标尺，可以测量六条溪流和村庄土地上各处的水质和水量，另外还有一个 3D 风速计可以监测风况。他们也和蒙大拿州立大学的科学家合作发展一种传感器，用来监测土壤中实时的碳含量。

我致电崔弗斯时，他说："我们主动和大地对话。现在我们有办法询问大地有什么感觉。我们可以说：'我刚做了这件事，效果如何？'"

河口岛观测站的目标是替农民等土地管理者和科学家牵线，让科学家有途径可以持续调查，了解不同的土地管理策略在现实生活的广大土地（相对于小型试验地）上有何表现，如此农民和牧人才可以学会如何取得、发表科学家觉得有价值的数据。这一切设计都参考了某个科学委员会的意见，确保河口岛农场和附近参与观测的农民所收集、发表的数据在任何地方的任何科学家眼里都有研究价值，更不用说对其他农民也会很有用。加州大学伯克利分校的环境工程系设计了入口网站。

崔弗斯解释道："我们需要正当性。我们从事再生农业的人，大多真的强烈觉得我们在改变世界，但说服世上其他人的证据真的很不足。我们的计划试图提供基础设施去促成农人改变世界。"

崔弗斯期待他拿到的一些奇特传感器有一天可以帮助其他农民。他相信这些并不会抵触农业的传统观察技巧。他说："我的家族数代务农，我真的很喜欢看着我的牲畜，看田野改变，因为我一直都能从这上面学到东西。我也喜欢看土壤生物做的事，还有水做的事。从前我看不见，我父亲和祖父也看不见。"

河口岛观测站完美示范了柯林斯想推动的事：贴近大地的高科技。不过他也参与一项非常低科技的计划，内容是测量土地管理对土壤碳的影响。2011 年，他和几位土壤健康的支持者创立了"土壤碳挑战"，依据网站上所说，这个国际比赛"希望了解土壤管理可以多么迅速地把大气中的碳转变成土壤里的有机质……如果想知道人类在多短的时间可以跑一百米，你会建立计算机模式做文献调查，还是召集人类生理专家小组来预测？不，你会办场比赛，或是一系列的比赛。土壤碳的事讨论了半天，该采取行动了，该用理想的数据来展示哪些事是办得到的，并且表扬知道如何增加土壤碳的土地管理者"。

多年来，农民和牧人一直在讨论需不需要用统计数据来量化再生农业的成果。他们有几人参与了一个研讨会，听见官方科学家说他不觉得土地管理对土壤碳的储藏有多少影响，何况要测量碳的增加量太困难。土壤碳挑战就这么开始了。挑战的发起人认为，这对农民和牧人而言有点像奖励技术创新的"X奖"，不过奖金不是来亿万富翁，而是参与者支付的费用。他们希望这么庞大的数量会激发政府和团体的动机，开始鼓励富含碳的农业和牧业。或许这样仔细地监测变化，甚至会促使美国农场法案和我们的公共土地政策以土壤碳为核心。如果全球都这样拥抱土壤碳，这星球将会有多少改变？

这是无畏的计划，也是伟大的想法！对我来说，也可以说是很有趣，因为土壤碳挑战的企划者和领导者居然住在一辆老旧的黄色校车上。

我在 2012 年秋天搬到波特兰不久，就去拜访了唐诺文。唐诺文把他的校车停在俄勒冈州菲洛马斯城外的一座农场旁，不远处的一大片田野上，有头猪躺卧在开放式猪舍的阴影中，一只威风凛凛的狗机警地把羊只赶过一座滑梯，好让人称重。校车的车盖上有一盆盆草本植物沐浴在阳光下。唐诺文把校车内部改装成舒适的生活空间，一座拴在地上的直立式钢琴增添了风情。在我们访谈的某个时刻，他弹了一曲气势惊人的古典乐，我忍不住想象他夜里在那里就着星光叮叮敲响琴键，只有猪、羊和野生动物当他的听众。

听起来唐诺文就像嬉皮士。不过他很严峻，甚至有种严厉的感觉，一头灰色短发，三角形的黑眉毛，眼睛旁长了严肃的皱纹。他有种外科医生的沉着气质，不过是那种自己剪头发的外科医生。

唐诺文已经在这辆校车住了至少十年，他也期待参与者能这么投入。十年的循环开始时，他从土地上的一个样点取得基线土壤碳的测量值，这片土地的农民或经营者必须还没采取过新式管理，包括免耕、整体放牧或种植覆盖作物，或柯林斯口中那些经再生农业采用、修改的大约四十种广泛的策略。地点一贯是农民或牧人认为有潜力且计划要在测量之后开始重新管理的地方。唐诺文每三年会回去重新测量一次。计划的目的并不是评估整片土地增加了多少碳，如果没有要贩卖碳权，就不需要去测量大批积存下来的碳。唐诺文只是要大略了解创新、认真的土地管理者让土壤碳含量发生什么样的变化。

　　唐诺文的计划和从前的土壤碳测量计划有些不同，其中一点就是这十年的期间。他说大部分的学术研究计划必须在三年内完成、提出报告，但三年不足以追踪发生了什么事。而且估计土壤可以储藏多少碳，时常需要比较不同的土地。他们测量原始森林的土壤，测量耕作二十年的土壤、耕作十年的土壤，然后计算任何方面的变化如何影响土壤的碳含量。不过唐诺文监测十年之间数个示范区的改变之后，确实能明确指出人类管理对土壤碳的影响。

　　至于如何奖励培养土壤碳的土地管理者，大部分政策层次的考量都根据模拟。至今为时最长的例子是芝加哥气候交易所，从 2003 年持续到 2010 年。这个交易所是在乐观主义的气氛下创办的，认为美国会采用全国性的排放交易方案。交易所的报酬是以模拟为根据，基本上的意思是，采用免耕或施粪肥这类特定农法就等于把一笔碳储藏在地里。加州的排放交易方案使用类似的办法，虽然制定的协议远比这更严谨、保守，并且有科学根据。

　　不过唐诺文认为，模拟基本上有问题。他说，实际的监测远比这还理想，不论是用缓慢辛苦而低科技的方式采集许多土心样本送到实验室，或是用高科技的方式，例如鲁尼或河口岛正在进行的那些测量。他说："模拟提供了一种方式，但这方式限制了土地管理者在田里的创意。像布朗那样的家伙不可能为了薪水去做他正在做的事。"布朗正在参与挑战。

　　唐诺文带我去他做过基线测量的一个示范区。那片田曾经种植草皮，然后挖去移植到别人的草坪上。他测量之后，农民种下多年生的草，然后用整体管理来牧羊。一般而言，唐诺文要花两小时设置取样点的坐标方格，再抽出土心样本，不过他迅速解释他怎么进行，然后就用他的手持工具从地上抽出 10 厘米深处的土心样本。他指着样本微黄的底部说："看到有多干了吗？这些土没有足够的水分渗透。"

接着我们在校车旁徘徊了一会儿。这座农场的所有者不是在这里工作的农民，而是"农地投资公司"这个团体。农地投资公司买下老旧耗竭的传统农场，改造成健康的有机农场。投资人的导览正要开始，我想跟去，但他们一直没出现，最后我和唐诺文去了附近科瓦利斯的农民市集（我在那里找到我梦寐以求的苹果品种，现在我的院子里就种了这么一棵苹果树）。

不过我对这概念有兴趣，因为这是有人用培养健康土壤来赚钱的另一个例子。我打电话找到农地投资公司的共同创办人兼首席科学家布拉福德，他解释道，农地投资公司是私募股权基金，想要利用有机食物的供需落差来获利。1990 年以来，有机食物的销售增长了二成，在 2010 年超过 280 亿美元。虽然有机食物比较昂贵，市场成长的最大限制却是供应不足。美国获得有机认证的耕地不到 1%。2008 年之前，该数量每年增长8.5%，却无法赶上需求。现在有机土地的数量正在下降，大部分有机食物的需求是由进口食物来满足。

布拉福德说："瓶颈是经营和财务。从传统转型到有机，中间大约需要三年，这期间的成本会提高，收入则会减少。三年之后，有机农场的财务通常会改善。如果你要买辆车，可以融资五年。可是目前我们的制度对农业只有短期融资，而且非常保守。"

布拉福德明白，这三年的转型期是融资的理想目标，尤其是银行不敢随便借钱给有机农民。他和生意伙伴维希纳觉得他们可以找到投资者提供资金让人购置、改良土地，之后他们就能把改良过的有机认证农地出租给精明的年轻农人，他们有良好的务农经验，却没钱买自己的地。布拉福德和维希纳理想中的农场不只通过有机认证，而且重视土壤健康，这一点有别于大部分的大规模商业有机农场。他们从 2010 年开始的 60 公顷，到现在拥有 2550 公顷，并且有 83 个投资者。布拉福德说："我们告诉我们的投资者，他们三年里不会得到红利，这叫耐心资本。"

农地投资公司和柯林斯一样搭上相对小众的一些有钱人，这些人认为培养健康土壤不只是社会公益，也有利可图。这是行善得福的老做法。不过美国 99% 的农业是土地管理者用不良的农法一再破坏土壤，要拯救美国农业，那样的有钱人恐怕不够多。还有谁可以给他们改变的动机？

其实我们可以，我们可以靠着分配给美国农业部的税金来达成。美国农业部在 1862 年成立，由林肯签署生效（林肯称之为"人民的部会"），而优质食物与农业的拥护者对农业部的批评却多过称许。他们举出农业企业和农业部的领导者之间有道"旋转门"，农业部对基因改造生物的监督松散，对有机和地方农业支持不足，而且原意是管理大型生产者的法规，实际上却压制了小型生产者。萨拉汀是农人兼作家，他在著作《各位，这不正常》中写道："奥巴马总统的农业部长维尔萨克在艾奥瓦当州长时，被爱好转基因的农业部门选为州长。那么他核准转基因的紫花苜蓿、更多的玉米和甜菜，不是理所当然吗？2011 年 4 月 1 日，农业部通过 81 种转基因作物，没有任何申请遭到否决。头脑清楚的人，谁会觉得应该让这些人为食物安全把关？"

不过美国农业部是庞大的组织，有超过十万名职员，其中许多人诚心支持把健康土壤视为公共财产的农业政策。去年我遇到一个这样的职员，他解释了美国农业部如何提供公募基金去帮助传统农民度过转型期，实施更永续的农法。

钱伯斯是农业部自然资源保育署的科学家，自己也是农民，在肯塔基州有一小块地。事实上，他是在寻求土地转型的建议时，才知道有自然资源保育署。前一个地主种植的是单一草种，他想混合栽植多年生的草，加强他土地的碳积存，抵销他家的碳足迹，并为蜜蜂与其他授粉者提供更好的栖地。我和他在自然资源保育署位于波特兰的办公室见面时，他座位旁有一整面的窗户，窗外的山景令我很难专心。他告诉我："做这件事时，我主要思考的是碳，因为我研究的是气候变化的科学和政策，所以想要实践。不过歌带鹀不晓得这件事，山齿鹑也不晓得，在那里筑巢的火鸡也不知道。俄亥俄州河里的水质对碳积存一无所知。这些是我们从这活动得到的公共财产。"

钱伯斯加入保育署的空气质量与大气变化小组，他正在进行这小组的保育创新奖助金计划。9个奖助金的协议有些是减少农业的温室气体排放，有些是培养土壤碳，提供资金给农民和牧人转型，然后帮助他们找到愿意为了减少碳排放或增加碳储藏而买碳权的顾客。

自然资源保育署因为其中一个计划而和野鸭基金会合作。野鸭基金会是颇受敬重的狩猎爱好者组织，建立于尘暴时期（尘暴对鸟类是一场浩劫）。他们的口号是"让今天、明天的天空都飞满水鸟，直到永远"。当地有许多未被开垦的土地被犁开，种植玉米等经济作物（乙醇的市场使得玉米的价格水涨船高），令自然资源保育署和野鸭基金会焦急不已。这样的做法摧毁了野生水鸟的筑巢地和繁殖地，也毁了土壤里的碳。幸好他们发现了一个解决办法，能让保育人士和农民皆大欢喜，同时又能奖励农民。

保育创新奖助金针对的是北达科他州隶属于草原壶穴地区的私人土地，这些土地上遍布数千个浅湿地。这些土地一直受"保育休耕计划"的庇护，这是从1985年开始实施的联邦计划，只要是自愿让一部分土地休耕，暂停行间耕作、放牧或种植牧草等所有生产活动的农民和牧人，都能获得补助。目前全国有大约1100万公顷的土地套牢在十到十五年的休育休耕计划契约下，北达科他州则有121万公顷。这个计划虽然确实保护土地不受犁具破坏，但并非纯粹倡议保育。农业部为了预防某些国家紧急状况（例如2012年的干旱）威胁美国牛群的饲料供应，因此希望留着一些受保护的土地。万一发生那些情况，保育休耕计划的土地就可以放牧，或收割提供秣草。

　　不过保育休耕计划的契约过期之后，许多地主开始受到商品玉米的高利润诱惑，于是野鸭基金会和自然资源保育署拟定了第三种"使用地"的选择。在这个方案下，地主可以选择把土地拿来放牧或种牧草，但不能耕耘栽种作物，这可以保存土壤里蓄积的碳。地主需要提出永续的放牧计划，而自然资源保育署会提供资金给这些计划所需的投资，例如围栏与牲畜用水。野鸭基金会表现出色，找到一家愿意跟地主购买碳权的美国大型制造商。

　　数十年来，环保人士几乎一致认为牛群会摧毁土地，但科学证实水鸟和牛群会在同一个地方繁衍生息。我在北达科他州与野鸭基金会的生物学家戴尔见面时（他目前在美国自然保护协会工作），他解释道："鸭和家畜的关系其实非常简单，它们都需要水或湿地和草。这些湿地对水鸟而言不可或缺，在它们关键的生命史阶段提供草料和栖地。东达科他是野鸭基金会的工作重点，那里的降水在大平原区中偏高，而那些额外的降水以及这些降水支持的植物群落能提供丰富的草料，十分耐得住放牧。"

　　戴尔在后续的电子邮件里指出，这些草种混生的大平原其实是在野牛和火的影响下演化，需要一些干扰才能维持活力。他让我想起布朗整体放牧的田地，看起来比附近多年没放牧、不受干扰的保育休耕田健康多了。

　　第三种选择唯一的不利因素，是参与者必须同意不能在这片土地上耕耘、种植作物，而且是永远不能。他们必须把子孙和未来的地主拖下水，一起保留这片土地，只能用来放牧和种植牧草，永远不种植作物，这表示他们永远无法得到乙醇的巨额收获。这听起来像是阻碍，其实不然，因为钱伯斯说地主争先恐后加入计划。2012 年，自然资源保育署为这个计划拨出150 万美元，但资金需求是 1100 万美元。钱伯斯告诉我："这个金额不高的投资带来的公共利益是空气质量、碳积存、水质、野生动物栖地和土壤健康。想参与的人超过我们的公募基金所能处理的数量。"

　　耕耘土壤会释放土壤碳，虽然这已经是不争的事实，但官方部门仍然不确定土地管理能不能培养土壤碳、可以培养多少土壤碳。另一个保育创新奖助金的温室气体计划处理了这个问题。这计划的根据地在帕卢斯，是一片丘陵起伏的美丽地区，主要位于俄勒冈州境内，不过也占了爱达荷州和华盛顿州非常小的一块地方。帕卢斯是由冰河时期从西方吹来的粉砂汇聚形成，连绵数公里的软绵丘陵看起来很像蛋白霜，只不过非常青翠。小麦农在那里兴旺了几代，一遍又一遍耕耘土地，有时候一季会用上八次机具。土壤碳不只粉碎、散逸到大气中，土壤本身也受到侵蚀，在集水区造成问题。每次下雨，就有巧克力牛奶色的径流从耕耘的田里滚滚奔流入溪。自然资源保育署因此推出保育创新奖助金，鼓励农民转型成免耕农法，在三年间付给他们每公顷 59 美元，帮助他们支付任何额外的成本或生产损失。钱伯斯对我说："这是避险。我们其实觉得他们的产量会提升。"

帕卢斯的农民也会有另一种收获。科学家在参与者的土地上测量了土壤碳基线含量，深达 1 米，十年之后会再测量一次。农民会立刻因为保护土壤不受耕耘的蹂躏，而从"EKO 资产管理伙伴"手上得到一笔钱，这家公司"投资制造环境价值的计划和公司"。十年结束时，帕卢斯的农民也可能因为他们十年间在土壤里培养的碳量而得到报酬。几家投资公司都表示有意在未来向帕卢斯农民购买碳权。其实农民"种植"的碳就像种植的小麦一样，都是可以带去市场卖的产品。

这些事让我有点昏头了，不过钱伯斯要我把碳权想象成另一种商品，就像苹果。EKO 和另一家投资公司会向帕卢斯农民买下这些苹果，然后可能转身就在自愿市场出售。目前为止，只有 6 个协议通过核准，进入最新的规范市场：加州排放交易方案，而且这 6 项都和土壤碳没有任何关联。按钱伯斯的隐喻，那个计划现在只对特定颜色、形状、大小的苹果有兴趣，而且理所当然对腐烂的苹果心存戒备。不过有些公司（通常是因为股东坚持）期待公司的永续基金能长一点，所以在自愿市场售出这些碳权的机会很大。

钱伯斯告诉我："农业碳权的利益越来越高，买主似乎特别喜欢跟碳权相关的衍生利益。"

帕卢斯的保育创新奖助金仍然需要农民永久转型成免耕农法，而农民的热烈反应再一次远远超过拨到这个计划的公募基金。

想象一下，如果土壤是我们政府更优先的事项——非常优先，有足够的资金让所有农业家转型成永续农业（唐诺文形容这是"慢一点毁掉土地"），更理想的是转型成布朗那样的再生农业！按照钱伯斯的计算，美国 3.7 亿公顷的农地之中，只有 4.3% 参与了某种政府的土地保育计划，所以有 3.54 亿公顷的土地可以加入北达科他州或帕卢斯那一类的计划。当然，公共支出一定很庞大，不过在其他方面却可以省下更多钱，包括公共卫生的支出，清洁水、空气与气候相关灾难的支出。

澳大利亚付钱给农民储藏碳或减少温室气体排放的计划，不只是在金额上让美国的努力相形失色。2013 年，澳大利亚也做了件效果显著的事：指派最显赫的公民成为土壤健康的第一位官方倡导者。杰佛瑞是职业军人，从 2003 年以来担任澳大利亚的第二十四任总督，意思是，他是女王指派在澳大利亚的代表。说来讽刺，他告诉我，他的环境哲学其实是受到小罗斯福的影响。小罗斯福在 1936 年签署了土壤保育法，并且表示"一个国家的历史，终究取决于这国家怎么照顾自己的土壤"。

他 1993 年从军中退役，之后担任西澳的总督，直到 2000 年卸任。他在即将离开这个职位的时候成立了非营利机构"生之土壤"，鼓励再生农业，并且向转型成功的农民和牧人收集案例来研究。杰佛瑞以土壤倡导者的新角色，坚持澳大利亚要把土地和水当成主要的策略性资产，并且两者应该合并管理。他希望农民和牧人能因为改善田野健康而得到奖励。他也邀请澳大利亚的科学家来研究健康土壤的特性。杰佛瑞告诉我："我希望科学家解答几个简单、基本的问题，那么一来，我们就不用再争执这些问题了。碳积存正是其中之一。"

我拜访了"生之土壤"网站列为案例研究的几位农民，还有几位不在那上面。大部分农民对他们会因为土壤里的碳而得到报酬似乎半信半疑，不过其他的益处让他们觉得转型很值得。他们的土壤现在能留住水和矿物质，而且他们也因此赚了钱。他们的溪水变得更清澈，动物更健康，想到科学家现在对他们在做的事有了兴趣，他们很高兴。务农这件事现在变得更有趣、更有创意了，不再只是照本宣科，而是一门技艺与科学。

雷克斯在西澳的韦金附近有座农场，用来牧羊和种谷物，他告诉我："我们在做我们真正热爱的事。我们走进地方俱乐部，谈起农业的时候，其他人都消沉悲观。不过我们在这趟漫长旅程中遇到的人很棒。你可以在他们身上看到活力。"

第六章
我们为什么
不知道这些事

我参加 2010 年奎维拉联盟研讨会的第一天，坐到座位上的第一个念头是，我从来不曾和这么多牛仔帽共处一室。不久，令我惊叹的就不只是帽子了。

　　那天早上，"旱地解方"的威瑟比在会场前踱步谈着他的工作。他是英格汉的弟子，曾在英格汉设于俄勒冈州的"土壤食物网"中心受训。他帮助墨西哥贫农改善收成，而且还不必用肥料、杀虫剂和其他化学手段这些昂贵的东西。他在一块试验地建了一个等高沟系统来收集雨水，然后让土壤与小苗浸在堆肥液里。英格汉最喜欢用这种方式把微生物带入耗竭的泥土中。首先必须制造理想的堆肥，我后来在英格汉的课上学到，这个任务有很严谨的科学。她十分轻视人们常拿来当堆肥的还原性废料或"腐败的黏泥"。

　　威瑟比前后对照的照片很惊人。任务开始一年之后，墨西哥遇上六十年来最严重的旱灾。试验地四周的田野都干涸了，而试验地在发黄的背景里宛如醒目的绿色旗帜。威瑟比的试验地里，玉米秆常有三个分枝结出玉米穗，邻居的玉米秆则是未分枝，单根玉米秆上长着单支玉米穗。威瑟比没有受到玉米螟侵扰，但玉米螟摧残了其他的农田。他的玉米穗妖艳地顶着红丝般的狂野头饰，隔壁农人（威瑟比说是非常杰出的农人）的玉米穗看起来像干燥的小小松果。

下午，密苏里州的高瘦牧人朱迪大步跑到会场前。他声明自己是微生物农，称他的牛群为移动式微生物槽。他 2007 年开始"大量放牧"，这种作业受到萨弗瑞的启发，是让大群牛群在相对较小的区域上移动，对朱迪而言，就是每公顷 111 吨的牛。一年之后，草料（牛可以吃的草）更多了，蚯蚓更多了，也更能抵御干旱了。他邻居的土地在干旱时暂停活动，他的田野却依然茂盛。他成功到可以辞去和农业无关的另一个工作。他扩展事业，租下附近的一些地，那些土地耗竭得太严重，再也没人肯去务农。他让牛群来回走过乡间小路，踩上那些地。土地在他的管理下变得欣欣向荣，野生动物兴旺生长，一个爱好狩猎的邻居于是撕了租约，请朱迪带领牛群去他的土地作乱（朱迪每年大约经过每块土地两次），限期是永远。

朱迪有些有趣的妙语，这里摘录一些我的最爱：

"大自然妥善运作了数百万年，直到我们出现，把事情搞砸。"

"我不再把秣草拿去给我的牛了。把一捆捆干草拿给牛，就会把牛变成社会福利金的领受者。我的牛要自己讨生活。"

"自然之母种起杂草，保护她宝贵的肌肤。"

朱迪说完之后，大量听众移到会场外，把我们的下午茶饼干一扫而空。我注意到我旁边有个戴名牌的男人，名牌上写着他来自加州理工州立大学动物系。我渴望见到更多关心这种方法的科学家，于是把饼干塞进口袋，向他伸出手。"你和这里的科学家应该都对这类东西做了不少研究吧。"我说着，手朝朱迪挥了挥。

没想到动物学家拉塞福握着我的手摇摇头说："我们几乎什么也没做。农民和牧人在这方面远远超越了科学家。"

几个月后，我问了札特曼相同的问题。札特曼是俄亥俄州立大学动物系的名誉教授，他解释道："没人赞助这类研究。肥料公司可不会做这种事。杀虫剂公司也不会。是钱决定了研究方向，而不是研究方向决定了钱。"

我对农业科学家总是有好感。我在加州大学戴维斯分校附近长大，那里有美国数一数二的农业科系。我搬到俄亥俄州时，父亲一直想引诱我回去。他会打电话给我，说要替我出戴维斯的学费，还会买匹马给我。当时我对中国的兴趣胜过牛，不过他的提议总是让我有点揪心，所以当我听说农业科学家（集中在美国 105 个赠地大学的校园）没有热切研究这些令人振奋的农业新想法，我有点沮丧。

说实在的，其中有些想法甚至没那么新。农人运用覆盖作物的历史已经有好几个世纪，他们观察到，主要作物收成之后，如果在田里种某些植物，土地的生产力会提高。他们和现在的科学家不同，不了解太阳、大气、植物和土壤微生物之间复杂的交互作用，他们只知道那样会比较成功。所以，那样的想法为什么不再受到重视呢？为什么用2013年春天差点炸掉得克萨斯州威斯特镇的那种化学药品给我们的土壤施肥，会变成常态？

都是林肯的错，不过美国的农业现况很可能也出乎他的意料。

林肯在艰苦的农村长大。"忧思科学家联盟"的食物与环境计划主持人兼资深科学家萨尔瓦多告诉我："他花大量时间带着马队做最艰苦的工作，辛苦劳动，花很长时间苦思有没有更好的办法。"林肯当上总统以后成立了一个研究机构，寻求更好的办法。他建立美国国家科学院，也建立农业部。他批准了佛蒙特州参议员摩利尔提出的议案，设立一个学院网络，致力于农业研究和教育。先前的布坎南总统否决了这个议案（南方代表也一直强烈反对），但林肯在1862年签署通过。这条法案授权联邦政府把一些土地赠给各州和准州，分给这些学院。目前这些学院大部分都已经改制成大学，此后联邦和国家基金一直有专款补助这些赠地学院。

1931年的一场演讲中，俄勒冈州农业学院的校长柯尔赞扬赠地学院成立之后，为无知的国家带来了民主化的教育，以及科学知识。他说：

从前人们对科学或科学的应用普遍不太了解。1816 年一份新英格兰的报纸反对设置街灯的计划，从这可以清楚看到大众对应用科学的态度。报上这么写："这世界的神圣计划是晚上需要黑暗，而人工照明是试图干预这个神圣计划。""照明气体散发的东西对人体有害。""光明的街道让人容易待在户外，会导致更多人受寒罹病。""人们将不再惧怕黑暗，醉酒和恶行会增加。"

柯尔在之后的演讲中列出赠地学院对美国农业的贡献，特别提起其成果促成了一些全新的产业。他说，加总之后，赠地学院对美国经济福利的贡献大约是每年 10 亿美元。

北印第安纳州有几千公顷的土地从前没有生产力，被农民荒废，但由于普渡大学对土壤与作物的研究而再度用于农业生产。路易斯安那州的甘蔗业因为旧有品种受到嵌纹病毒感染而没落，引进新品种的甘蔗之后再度复兴。从埃及引入得克萨斯州的非洲芦粟变成每年产值 1600 万美元的秣草作物。格林苜蓿由德国移民格林带到这个国家，也因此而得名。这种苜蓿在明尼苏达州经过反复试验，证实耐寒且有适应力，在美国生产紫花苜蓿的主要地区已经取代了一般的品种。赠地学院培育出新的小麦品种，包括 Kanred、Denton、Federation 和 Defiance，其中得克萨斯州的 Denton 就使该州的农业财富每年增加 250 万美元。密苏里州因为赠地学院引入大豆而发展出每年合计 1500 万美元的产业，人们从前对这种作物一无所知。棉铃象鼻虫、欧洲玉米螟和地中海果蝇及时受到控制，挽救了棉花、玉米和柑橘类等大型产业。通过研究，我们得以改善生产方法、大幅减少生产成本，乳品制造也因此变成数十亿美元的产业。俄勒冈州为了产蛋而育种，缅因州改良自闭式产蛋箱，以及新泽西州的雏鸡产业，这些都彻底改革了家禽工业。大西洋岸与大湖区的水蜜桃以及美国整个苹果产业今日之所以是赢利企业，就是因为赠地学院发展出控制疾病和害虫的方法。

从 1931 年的观点来看，林肯振兴农业的心血，以及从这些心血衍生出的系统，都极为成功，甚至在 2013 年回顾也是如此。萨尔瓦多告诉我："我们的产量急起直追。在林肯时代，如果有哪一年种不出作物，真的可能饿死。现在我们谁也不用担心食物从哪来。食物从不曾像现在这么多。仔细想想，这主要和便利性以及我们将会有什么东西有关。即使担心食物的人，其实也不是真的担心食物。他们担心的是没有钱买食物。食物本身不是问题。"

不过这一切积极修补农业的动作中藏着危险的想法：人类的使命是为了自己的需求而征服自然。艾奥瓦州立大学李奥帕德永续农业中心的前主任基尔申曼说，这种思想源自启蒙主义。

基尔申曼说："启蒙主义从我们所谓的黑暗时代，以及困住我们的意识形态之中解放了我们。不过那样的启蒙观点也认为，人类和自然在某种程度上是隔绝的，认为我们不只能主宰自然，而且有责任主宰自然。笛卡儿说过一句名言：我们必须成为自然的主人与拥有者。假设自然是某种物质的总和，而我们可以为了自身的利益而加以操控，这样的想法并没有意识到自然其实是活的群落，且高度相互依存。"

柯尔演讲后的短短几年，这种思维最惨重的后果就隆隆扫过高地平原。一心种小麦赚大钱的草原破坏者掀开未经开垦的大平原土壤，一再种下作物，完全不回馈大地。没有覆盖作物，只有无情的犁田。少了植被滋养、固定土壤，大地被烤干，晒到褪色。耕犁摧残加上长期的炎热天气和强风，引发了尘暴。

伊根在他《最艰困的时光》一书中以神来之笔描绘了尘暴。伊根写道："尘雾滚滚涌起，升到起码 3000 米的空中，然后像会移动的高山一样翻腾前进，似乎有自己的力量。沙尘落下，无孔不入，头发、鼻子、喉咙、厨房、卧室、水井，四处都有。早上光是清理屋子，就需要用上铲子。诡异的是黑暗。人们去短短一两百米之外的谷仓，得在身上绑绳子，就像航天员在太空漫步得连上生命支援中心。"

1934 年 5 月，如山的沙尘随着风暴隆隆向东移动，美国其他地方注意到大平原区的环境灾难。伊根写道："芝加哥有 1200 万吨的落尘。纽约、华盛顿，甚至大西洋离岸 480 千米的海上船只都覆上一层褐色。"

大自然之母向我们展现破坏土壤的后果，而我们谨记在心（至少暂时如此）。第二场大平原尘雾染黑华盛顿特区正午天空之后的几个星期，慌乱的国会通过《1935 年土壤保育法》。这个法案体认到"浪费农场、牧场和林地的土壤与水资源……会威胁国家福祉",并且指示农业部长建立土壤保育署,也就是现在的自然资源保育署。两年后,小罗斯福总统授权美国各地成立土壤保育区,今日仍在运作的有3000处。伊根相信,这些保育区的成果改变了大平原区的一些作业方式,因此虽然又发生两次严重干旱,却没出现第二次尘暴。

不过尘暴并没有完全停止。几年前,我在谷歌搜寻引擎输入"尘暴"时,跳出一则引文,内容是两星期之前发生了尘暴。我再查询一次,发现一篇2013年1月的文章提到科罗拉多州中东部出现沙尘,吹到堪萨斯州的西北部,能见度降到400米,造成一小时的危险状况。

尘暴除了改变公共政策之外,也促成了某种农业复兴运动,使人们不只重新思考人类对待土地的方式,也思考人类和土地的整体关系。"是土壤衰退造成文明毁灭吗?或者土壤衰退是因为文明不知道怎么照顾人类脚下的大地?"听起来有点像英格汉、布朗或萨弗瑞可能说的话,不过这句话其实出自美国农业部1938年出版的《土壤与人:农业年鉴》。

最著名的土壤请愿者是布罗姆菲尔德。他是普利策奖获奖作家,与好莱坞来往密切。他在法国待了十三年之后,回到俄亥俄州的"快乐谷",用余生替家族农场附近受侵蚀的土地重建土壤。他在俄亥俄州写过两本短篇小说集和五本小说,不过都没受到评论推崇。事实上,威尔逊还曾经在《纽约客》杂志写过一篇严厉的评论批评他的作品,标题是"布罗姆菲尔德怎么了"。不过当时布罗姆菲尔德写小说只是为了资助他在农场的工作。当他开始把这些经验写成非小说时，评论再次喝彩。

由于土壤健康和地下生物学都是非常新的研究领域，因此今日创新的农民可以运用的那种土壤科学来不及帮上布罗姆菲尔德。其实农业研究署的土壤学家卡伦告诉我，他十五年前提议在美国土壤科学学会的年会举办土壤健康的工作坊时，有些学会会员还嘲讽土壤健康并不科学。不过布罗姆菲尔德是很细心的观察者，努力和自然合作，而不像越来越多的"现代"农业专家那样大力鼓吹智取自然或对抗自然。他提倡谨慎的农耕与放牧策略，得到亮眼的结果。柯林斯算是 20 世纪三四十年代农业复兴的学者，他在电子邮件下方引用了布罗姆菲尔德等一长串土壤培养先驱的话。柯林斯告诉我："专家说，自然界要一千年才能产生 2.54 厘米深的土壤，不过布罗姆菲尔一年就培养出 2.5 ～ 5 厘米，彻底改变了土壤剖面。他买下疲弱的农场，十年就得到了 30 厘米非常肥沃的土壤。"

我搬到波特兰之前，在俄亥俄州乡间的最后一次参访是到布罗姆菲尔德的马拉巴农场，那里离州际公路只有几千米，现在是州立公园。道路两旁成排的玉米宛如数千名呈战斗队形的士兵，牛群在泥泞的小牧场吃草。这地方并没有文明农业的气息。布罗姆菲尔德的著作持续鼓舞像柯林斯这样的人，而除了著作之外，他唯一持久的遗产是替家人和访客建造的房子，以及他大量的藏书与艺术品。那栋房子有 32 间房间，我和一群游客，包括几个烦躁不安而毫不感动的小孩一起参加房子的导览，跟三名图书馆员一同惊叹地看着摩西奶奶的画作，以及裱框的《纽约客》漫画，画的正是布罗姆菲尔德。我目瞪口呆地看着楼梯，电影中洛琳·白考儿的一帮纯朴朋友参加她和亨弗莱·鲍嘉的婚礼时，她就是在这个楼梯把新娘捧花抛向她们。我羡慕布罗姆菲尔德的惊人卧室，卧室里有一大张书桌，床嵌在书架间，墙壁漆成红绿二色。我确信《月亮，晚安》那本童书的插画家一定在这里待过一段时间。

幸好 20 世纪 40 年代还有另一个都市逃兵深切影响了美国对土壤的理解。罗岱尔（原名柯恩）出生于纽约市下东区，是食品杂货商的病弱儿子，在读过霍华爵士的著作《农业圣典》之前换过大量工作。霍华在书中描述 1905 年至 1931 年间他以农业专家的身份待在印度的时光，他从当地农民的农法中发现的智慧比他从英国带来的农法还要多。霍华成为保护土壤健康的斗士，研发出把废料堆肥制成强效土壤改良剂的方法。罗岱尔买下一座农场，实践霍华的方法，成为美国第一个推广有机农法的人。他也在 1942 年发行他的第一份杂志《有机农业与园艺》，而霍华是这份杂志的副主编。

罗岱尔把一万本免费的创刊号送给农民，不过当时还没有读者能接受这种内容，没人订阅这份杂志。三十年后，《纽约时报杂志》的一篇文章"有机食品信仰的精神导师"写到罗岱尔，作者思索道："化肥远比占空间的有机物质容易施用，而且我们为什么不知道这些定期施加通常会有更高的产量。罗岱尔选择传播他的福音时，美国农民正开始全速投向化肥的怀抱。美国的化肥用量从 1940 年以来增加了七倍。"

但罗岱尔不屈不挠。《纽约时报杂志》的文章刊出时，他和他的努力在各种亚文化中其实拥有惊人的影响力。《纽约时报杂志》的作家如此描述这些人："这些食物信徒，从保守素食者到受东方启发的年轻'养生'饮食者，着重的是全谷饮食，尤其是稻米。此外，还有渴望所有时钟都回转的反动分子、离开都市寻找更自然的简单生活方式的人、担心化学药剂长期影响环境的生态学家，以及奇爱博士那一型的偏执狂，他们在松饼粉的成分标签上读到下毒的阴谋。另外还有普通人，糖精和磷酸盐有害的声明让他们对所有合成化学药剂都抱着戒心，尤其是加进他们食物里的东西，或是他们以为食物里有加的东西。"

我把自己视为爱奇博士的一员。

《纽约时报杂志》把罗岱尔描写成有点讨人喜欢的怪人，不过他的许多忧虑都有惊人的先见之明。该杂志的作家为了证明罗岱尔的疯狂，指出他认为小麦、糖和饮用水里的氟化物不健康，而这些现在都是社会主流担忧的问题了。作家问，如果有机农业那么优越，为什么没有更普及，罗岱尔解释道，整个农业体制（从赠地大学、学术农业到农业部）都被农业的获利进度给绑住了。今日许多人都有同样的想法！几年前我在写一篇无麸质饮食的文章时，听到一位名医说出这种论点的类似版本。小麦和其他谷物中的麸质其实会伤害麸质不耐症患者的消化系统，可能造成癌前症状，而他告诉我，和其他国家比起来，麸质不耐症在美国大幅被低估了。我问他为什么，他认为这种疾病很难拿到研究经费，因为最好的治疗不是药物，而是只需要避开麸质食物，所以大药厂看不到其中有什么利润。

罗岱尔晚年把重心转移到剧本创作，他儿子小罗岱尔接手家族企业。小罗岱尔和父亲一样，到处宣扬和自然合作的农法比较优越，他遇到的反应也和他父亲一样，许多人只是耸耸肩，置之不理。20 世纪 70 年代晚期，小罗岱尔前往华盛顿特区和立法者碰面，希望公共政策能更关注有机农业。他得到的反应是"等到有研究证实这是比较好甚至可行的做法，你再回来"。于是小罗岱尔回到宾夕法尼亚州库兹镇的罗岱尔研究中心，和农艺学家哈伍德一同设计了有机与惯行农法的试验。这个试验至今仍在进行，在这类实验中，这是美国第一个、全球第二个的先驱。

2011 年是"农业系统试验"三十周年。隔年春天，我从克利夫兰开车到库兹镇和莫耶见面，他一开始就参与试验，现在是罗岱尔研究中心的农场主管。我们从他的办公室走向试验地，经过园区中央几堆圆桶状的堆肥，堆肥像一杯杯巨大的咖啡一样热气腾腾——微生物在进食、工作、繁殖时都会产生热能。试验地本身看起来不大显眼（没种什么东西），不过有机农法和惯行农法的示范区很显然都没有任何地形优势——同样 1.5 米宽的两种长条示范区在 30 米的土地上交错出现。

有机的长条示范区采用有机农法的三种基本工具：用上好的堆肥来追肥、休耕时种植固氮的豆科覆盖作物，以及轮作。轮作背后的理念是如果每年在同一片田里种植同一种作物，吃那种作物的害虫也会在那里住下来。如果每年变动作物，就不用那么辛苦地对抗疾病和害虫。莫耶解释道，良好的有机农业不光是不用合成化学药剂，更要和生物程序合作，把土壤视为复杂的生物系统。他说："我们现在不谈土壤质量了，我们谈的是土壤健康。这感觉像在玩语义学的游戏，但我觉得很重要。举个例，我可以有高质量的量表，但没办法有健康的量表。"

农业系统试验和美国农业部及其他科学家密切合作，激发了许多博士论文和专题论文，莫耶推测有 40 篇。这个试验只比较了玉米和大豆，这是因为美国大约半数的农地都种有这两种作物，而有机农法如果要对我们的土地、水和农村生计产生巨大的影响，地点就会在玉米田和大豆田。多年来，罗岱尔研究中心改变了试验的一些维度，使这个试验能公平地代表现代有机农法和惯行农法之间的差异。举个例，1985 年农场法案的保育规定促使惯行农法的许多农民进行免耕农法，这里便把惯行农法的示范区分成耕耘与免耕两种，以因应这样的改变。此外，由于美国现在有 94% 的大豆、72% 的玉米都经过基因改造，对除草剂有抗性，或是会产生自己的杀虫成分，因此这里的惯行农法示范区也种了这些品种。

回首过去三十年，试验得到的结果对有机农法是很有力的背书。有机示范区培养了土壤碳，惯行农法示范区则使土壤碳耗竭。经过三年的过渡期，两种示范区产出的食物量相同，但干旱的年份例外。接下来，有机示范区的产量就高出 31%。有机玉米和大豆比传统作物更能抵抗杂草入侵，这可不是小事，因为抗除草剂的基因改造作物喷洒了大量的农达和其他含嘉磷塞的除草剂，而这种做法进而产生大量抗除草剂的超级杂草。在最近的统计中，这类超级杂草就有 197 种。最后，有机系统不需要昂贵的化学药品就能生产，而且消费者愿意花更多钱，利润几乎是惯行农法系统的三倍。

嘲笑者会嗤之以鼻，说"当然啦，不然你以为罗岱尔的试验会证实什么"这一类的话，但其实罗岱尔的试验和许多外部科学家合作，包括康奈尔大学的莱恩、伊利诺伊大学的万德，以及美国农业部费城实验室的道兹。而其他机构的研究也得到同样的结论。联合国的一份报告指出："有机农法和今日的惯行农法一样，都有潜力保障全球的食物供应，不过有机农法对环境的冲击更小。"艾奥瓦州的一个研究也发现，玉米和大豆的有机系统生产的食物，相当于惯行系统过去十二年来的产量。明尼苏达大学的一个研究显示，使用基因改造作物的农民在十四年间赚的钱比较少，原因是种子以及设计来搭配使用的化学药剂并不便宜，缩小了获利空间。

这一切都让人想问：为什么这些事我们都不知道？这些人的本意是施行高知识、低科技、珍惜土壤的农法，为何不是被视为怀旧的反科技分子，就是被当成农业精英，一心只想卖精品食物给负担得起高价的人？为什么即使是害怕惯行农法的人也觉得如果我们在 2050 年要喂养 96 亿人口，这样的农法是必要之恶？

萨尔瓦多告诉我："人们把新技术和进步画上等号，诬蔑我们是反现代或反进步。我们谈起覆盖作物、整合害虫管理、多样性栽培系统和轮作的时候，听起来很像从前实行的那种农法。但我们纳入对生物系统的了解，因此有了精细而明确的进步。只要采用这种方式，我们农业的效率可以突飞猛进，不过当然了，有利可图的只有农民，以及农民得利之后会直接受益的人。"

也就是我们消费者。

几年前，我参加了一场食物与科学写作者的研讨会，一系列讲者发表了与食物相关的主题。一位讲者的演讲题目是"食物与农业的文化战争：谁占上风？"，我一开始听得兴致勃勃，但是愈听愈气。讲者问，谁会支持有机农业？接着他回答了自己的问题：经济学家、科学家或大众都不会支持，只有波伦和金索夫这样的文化精英支持。

听起来不大对。当时我已经和许多科学家谈过，那些科学家对替代农法有兴趣，也谈到惯行农法以外的其他计划有多难找到经费。我认识很多想要更健康的食品的普通人，看到农民市集的顾客用社会救济卡购买有机产品时，我很高兴，那样使用我的税金，真太好了。于是那家伙演讲的时候，我上网搜寻了他，然后发现他是孟山都领导层的顾问。我举手站起来，把这些事都说了出来。他演讲结束之后来找我，跟我说他从来没收过孟山都的钱。他无偿替他们工作，就比较好吗？

悲伤的现实是，林肯为了创造更好的农业而成立的系统，现在主要是为农商企业服务，而不是他希望帮助的一般农民，以及全国的消费者。而且不论有多少证据证明农业还有其他方法，这些方法不仅能停止毁灭我们的环境，而且能复原环境，但他们支持的都是农商企业的那一套说法。大规模产业化农业（Big Ag）不只不断告诉我们，我们需要依循它们的计划，它们还告诉我们，我们需要更多。

基尔申曼告诉我："我们的作为仍然本着人类是万物之灵的文化基因，觉得我们是大脑发达的哺乳类，我们总是可以发展出技术，人定胜天。主流媒体时常问的那个问题：'我们要怎么养活90亿人？'背后其实有这样的思维。我们其实认定，我们只需用力一点踩踏板，然后想出新科技来达成。"

90亿张嗷嗷待哺的嘴当然令人忧心，已经有将近十亿人没有足够的食物，谁希望看到这个数字继续增长？不过细心的观察家说，这景象其实只是农商企业为了恐吓我们支持它们的计划而捏造、使用的幌子。依据千禧年研究所的计算，我们栽培的食物已经足以供应90亿人。全球的农业目前为地球上的男女老幼生产每人4600卡路里的食物，而我们只需要一半的热量就能活得很好。所以问题不是生产，而是分配。

赫伦这位农业学家是千禧年研究所的所长兼执行长，也是联合国《十字路口的农业》这份全球报告的编辑之一，他说："食物在进入零售之后，损失非常严重。发这国家的人购买食物以后会抛弃30%以上。食物的价格太低，他们根本不珍惜。"

农业系统试验和几乎已经抛弃惯行化学农法的农民挑战了庞大的既得利益者，甚至困在惯行农法中的农民也是因为在现有的系统里投资了太多，所以才抗拒再生农业的那一套说法。20 世纪 70 年代，尼克松和福特总统时期的美国农业部部长布兹到美国各地巡回，鼓励农民借款，扩大事业，为全球市场生产产品。布兹有两项最著名的呼吁，"把栅栏和栅栏之间种满植物"，以及"不扩大，就滚开！"。于是农民采纳农业部和学者强迫他们接受的建议，犁开更多土地，买进昂贵的机具。当我们看到一辆曳引机压过一片田的时候，要知道光是那辆机具就是将近五十万美元的投资，而且费用是在短期的收益之后收取。

基尔申曼跟我说："在那样的处境，你会怎么做？你会尽一切的可能，让现有的系统继续运作，因为你已经六十多岁了，那是你投资的东西。"

杰克森是北艾奥瓦大学的演化生物学家，她把布兹的变革造成的农业形容成垄断企业的庞大露天工厂横跨了美国中西部。你开车开了六小时，可能只看到玉米和大豆，在这些一年生作物种植之前、收成之后（大约有九个月的时间），大地裸露，任凭风吹日晒雨淋。这是农业，但我们不吃这种农业生产的东西。这些玉米和大豆是商品，用来喂食饲育场里的牛和其他动物，或是供应给制造商，制成高果糖玉米糖浆和其他食品添加物，或是提供原料给乙醇生产者。

杰克森认为，惯行农法的农民对这种农法忠心耿耿，其实是斯德哥尔摩症候群的表现。她在一场演讲里说："如果你被关起来，把关着你的人视为朋友和盟友，而忽略对方真正的身份是绑架犯，你就是患了斯德哥尔摩症候群。你必须服从绑架犯的要求，你在这样的压力下忘了自己是谁，忘了谁是你真正的朋友，忘了自己的家人……我们的玉米和豆类高耗能系统是绑架犯，不是我们的朋友，即使我们目前就只有这种系统，我们可能必须和这种系统为伍，那还是绑架犯。"

农商企业这三十年来的集中与整合，包括肉品包装、种子与化学药剂、谷物处理与运送、农场设备、肥料、零售食物，已经把农民的机会筛选到只剩少数几种。种子产业是很好的例子。艾奥瓦州立大学的农业与经济名誉教授哈尔在写给司法部的简报中建议对种子与农业化学产业发起反垄断行动。

在 20 世纪 70 年代，农民有 300 家玉米供应商可以选，这些供应商的竞争使得种子价格维持在可以负担的范围内。但随着农业生物科技和实验室操作遗传物质的兴起，这种情况改变了。美国专利局从前不曾支持生命形态的专利，当有人为吃外泄石油的微生物申请专利时，专利局否决了。但美国关税与专利上诉法院驳回这个案件，而最高法院在 1980 年支持这个判决，在戴蒙德控告查克拉巴蒂一案中判定生命形态可以取得专利。二十年后，最高法院判决种子也可以取得专利。农民有史以来第一次被禁止保存这些专利生物科技作物的种子，于是隔年播种时就得再重买一次。

要用科技创造这些新的生物改良种子，花费极为昂贵，因此种子供应商锐减，最后只剩几家负担得起的大公司。现在，孟山都直接控制了 30% 到 40% 的市场，以设计来抵抗杀虫剂的耐农达转基因种子为例，这种作物就需要孟山都生产的大量化学药剂，才能表现得跟孟山都宣传得一样好。哈尔估计，由于孟山都也把生物科技性状卖给竞争者，因此实际上影响了90%的玉米和大豆种子价格。孟山都掌控了市场，也难怪农民购买的种子价格暴涨，1999年到2010年，价格就提高了150%。有些农民能够承受这么高的成本，但许多边缘生产者被迫退出农业。

哈尔是反农商企业垄断行动的顽强支持者，不过他并不乐观，他认为少了消费者的压力，政府就不会去对付那些控制我们食物的垄断企业。他告诉我："每次华盛顿有人想处理这个问题，就会扯上一大堆钱，承受庞大的压力。那样的压力会化为这类的信息：'听着，你再让这件事发展下去，我们就不会那么支持你的竞选活动了。'情况严重到消费者都站起来出声的时候，我们的反垄断才会进入新时代。"

牵涉的金额有多高？依据"回应政治研究中心"的报告，过去二十年来，农业部门在美国的政治活动投入了4.8亿美元。2009年，农业部门花了1.33亿美元游说议员，几乎和那年美国国防承包商的游说费一样高，不过远低于2008年能源部门不情愿地拨出的3.859亿美元。

政府不只不会对付大规模产业化农业，还用我们的税金来支持农业和农商企业制造的毁灭性农业。我刚开始和柯林斯联络时，他在一次谈话中告诉我："付钱给农民去破坏他们潜在的资源，这实在是最荒唐的建立文明的方式。"他的意思是，我们纳税人通过农场法案（在大萧条之后经过各种修订，1973年之后每五年修订一次），奖励农民采用让土壤耗竭的农法，而这每年要花 950 亿美元。美国农业政策太过复杂，我花了点时间才明白其中的机制。说真的，我想找一本《傻瓜也看得懂的农场法案》来破解给我看。幸好我发现了"丰收公共媒体"的网站，这网站提出"食物、燃料与农田"相关的报告，其中麦斯特森的文章清楚地解释了政府补助农民的历史与现况。

美国政府发给农民的补助一直到 1996 年才取消。这项措施始于大萧条时期，在生产过剩导致食物价格下跌、农民收入锐减时，用这项措施帮助农民继续待在这一行。补助金资助农民休耕一些田，以免供应过剩。政府也会收购过剩的谷物，储藏起来在需要时释出。

20 世纪 90 年代中期，谷物价格高昂，1996 年农场法案的制定者因而宣布一些条款，之后补助就依条款逐渐减少，最后完全取消。但价格再度下跌的时候，政府又迅速拟订新的方案，把农民留在这一行。有个方案是不论市场状况如何，都依农民耕作的面积直接给农民钱。另一个计划是每次价格下跌就自动送一张支票给农民。补助不断攀升。美国农民的收入超乎以往，从 1999 年到 2001 年，每年得到 200 亿美元。

由于栽种的面积愈大，政府给的支票金额就愈高，因此这些政府方案的后果是农民种植更多作物。"国家永续农业联盟"的赫夫纳告诉麦斯特森："我想，实际结果是农场整合、集中，以及新农民的创业机会减少。农场变大、数量减少有许多原因，科技显然扮演了重要的角色，但政策绝对也推了一把。"

这些政府方案的原意是帮助所有农民，却时常不成比例地帮了很富有的农民，也就是拥有广大的田地，生产玉米、大豆、小麦、棉花和稻米这五种主要经济作物的农民。麦斯特森的文章写道："环境工作小组分析美国农业部的数字，发现 1995 年到 2010 年之间有四分之三的农场补助金给了受补助的前 10% 的农民。依据 2007 年的资料，约有 62% 的美国农民没得到任何补助。"这些农民之中，有许多人栽培的是水果、蔬菜和坚果，这些作物不在补助之列。说来讽刺，他们生产的是我们真正会吃的食物，而不是进入巨大的农业加工处理系统，最后大部分成为不能吃的产品。有些生产经济作物的农民甚至也因为耕作的土地在补助计划设立时没标在地图上而没得到补助。

1966 年的农场法案有另外两大改变。一是农民要购买农作物保险（受政府大量补助），才有资格接受农业给付。二是不需要采用惯行农法也可以加入保险。大批农民迅速加入农作物保险。农民经由保险理赔得到的联邦援助几乎和直接拿到的钱一样多。2012 年付给农民的总金额是 204.5 亿美元。

数字虽然大，但这数字看不出工业化农业背后税金的完整流动。2004 年艾奥瓦州立大学农业经济学家杜菲和泰麦尔的一个研究显示，政府为缓和工业化农业对环境的损害，每年另外花费 50 亿～60 亿美元，而现在的代价很可能提高不少。萨尔瓦多告诉我："工业化农业毫不考虑对土壤的破坏、我们耗尽化石燃料和矿藏的方式，以及地下水耗竭的问题，只在经济上站得住脚。"

2008 年美国爆发金融危机，政府还把税金挹注给那么多收入已经很宽裕的农民，令人反感。不过联邦的农作物保险继续尽一切可能支持惯行农法，对其他替代农法的支持仍然很少。农民种的若是耐农达的种子，或其他转基因种子，支付的农作物保险费率比较低，因为这些作物的风险被认为比非转基因作物还要小。另一方面，如果他们用有机农法，保险费率就会提高。而种植覆盖作物的农民在某些情况下甚至可能被农作物保险拒保。像布朗这样种植混合作物的农民（例如把苜蓿和燕麦种在一起），完全被排除在这方案之外。布朗跟我说："我省下化石燃料和肥料，改善了土壤健康，却因此受到惩罚。政府完全不明白自然怎么运作。"

艾奥瓦州立大学的名誉社会学家芙罗拉说："如果我们停止农作物保险，系统可能会发生许多改变。农业确实是高风险产业，但保险让你可以放手做任何事。既然为农作物歉收和价格下滑保了险，何必要做任何和现在不同的事？做了那些事，就得不到农作物保险了。换作别的情况，降低风险的策略可能是提高作物的多样性，或采取更有系统的措施，而不只是说政府会替我担保。"

林肯自豪地签署成立的赠地大学也因为企业资金大量涌入而妥协了。这些机构包括我们最大、最著名的一些学习中心，例如哥伦比亚大学系统、宾州州立大学，以及得克萨斯州农工大学。20 世纪 70 年代起，联邦与州政府对这些机构的支持（支付研究与运作开销）开始缩减，只是 20 世纪 80 年代曾有短暂复苏。农商企业积极补足了这个缺口。

　　赠地大学出现财务困难，这也直接冲击了农民和牧人。美国农业部持续削减农业推广部的经费，而这些经费原本是用来把大学的研究成果经由训练和教材传给农业家。农民从前会带着问题去找这些推广部职员，而职员根据最新的研究提供建议。不过推广部职员逐渐减少，农民没什么选择，只好向农艺学家和驻守谷仓的人求助，然后在谷仓买下种子和化学药剂。

　　葛瑞芬是艾奥瓦的农民，他饲养牛、猪、鸡、火鸡和羊，完全不用抗生素和荷尔蒙。他说："20 世纪 80 年代那时候，推广人员把谷仓的人训练成他们在地面上的眼睛，但他们现在只有魔法药剂可以解决你的问题。问题都用化学方法解决。从前我们可以从赠地大学那里得到更多知识，现在不行了。"

　　不过 2012 年"食物与水观察组织"发出一份调查报告，指出那样的知识也已经不可靠。"20 世纪 90 年代早期，赠地大学农业研究从产业得到的经费超过农业部提供的预算。2009 年，企业、同业公会和基金会投资了 8.22 亿美元在农业研究与赠地学校上，相较之下，农业部的经费只有 6.45 亿（这是做过通胀调整的 2010 年币值）……企业赞助的研究成功地让赠地大学变成承包商，它们的研究不再为公共利益服务。"

　　联邦基金的研究经费变少了，赠地大学的教授又必须进行研究、发表结果（这决定了薪水和终身教职），因此赞助费往哪里走，他们就必须往哪走，也就是走向私营机构。当然了，他们真正有兴趣的研究未必能得到赞助。他们的研究必须反映企业的计划，才能赢得企业赞助。因此，支持学者、学生和大学的税金就造福了赞助者。奥本大学的经济学家泰勒研究的是农商企业的结构和集中的情形，他告诉我："比方说，企业提供我10万美元做田野试验，我大部分的薪水还是来自纳税人，不过我把所有的精力都投入那10万美元的计划了。这样其实是用模糊的方式挪用税金，把税金变成企业补助。"

在2005年的一场调查中，加入调查的赠地学校农业科学家有将近半数接受私营机构的研究经费。这会产生一些问题，其中一个就是所谓的赞助者效应。研究显示，产业赞助的研究很可能会得到该产业偏好的结论。发表这些研究结果的期刊通常不要求研究者透露经费来源，而政策制定者和调整者却常受这些研究影响。

我和"食物与水观察组织"报告的首席研究员施瓦布谈话时，他说美国农业部的研究机构（农业研究署）和赠地大学都无法进行我们需要的独立农业研究。他说："若你要寻找转基因作物的安全性或环境冲击研究，会发现我们的大学在这方面做的不多。农业研究署应该采取行动，做真正必要的坚实研究，但却没有。"

施瓦布用最近的一场混战证明他的论点。法国分子生物学家席哈理倪2012年发表了一个研究，研究对象是孟山都转基因玉米和用在这种玉米上的农达除草剂，结果显示有重大的健康隐忧。恶意批评者，甚至科学新闻工作者都说席哈理倪受到意识形态影响，而且赞助的机构对基因工程有成见（一个工业化农业的批评者甚至告诉我，席哈理倪利用老鼠家系和样本大小得到他想要的结果）。施瓦布告诉我，科学新闻工作者一再忽略相反的状况：大部分显示转基因种子安全无虞的研究，都是由产业赞助。施瓦布说："席哈理倪研究的那种玉米，在科学文献中显得既安全又有效。但是我找到的所有研究，都是由孟山都执行或赞助。"

食物与水观察组织的报告显示，企业对赠地大学的影响远远不止于赞助研究。农商企业用捐款在校园宣扬公司品牌。100万美元的捐款让艾奥瓦州立大学成立孟山都学生服务部，20万美元的捐款让伊利诺伊大学成立孟山都多媒体工作室，以及普渡大学名为康尼格拉和克罗格的研究实验室。有些大学把学术研究委员会的席位卖给企业，例如付两万元就可以在佐治亚大学食物安全中心顾问委员会拿到几个企业赞助者席位，并通过委员会影响研究方向，嘉吉企业、康尼格拉食品公司、通用磨坊、联合利华公司、麦当劳和可口可乐都付了这笔钱。产业也捐数百万美元给系主任室。"忧思科学家联盟"的萨尔瓦多告诉我："这份清单长得可笑。最恶名昭彰的是诺华几乎买下伯克利的整个自然资源学院。"

企业与大学的利益结合在南达科他州立大学也很惊人。校长契考恩在2009年加入孟山都的董事会，第一年得到39万美元报酬。大约同时，该大学和孟山都子公司 WestBred 联手控告农民侵害种子专利。这和从前形成强烈对比。从前赠地大学会培育公共种子，让农民任意使用、储存、分享。食物与水观察组织的报告写道："大学对农民的诉讼更令人反感的是，南达科他州立大学的小麦种子其实是用农民和纳税人的钱研发出来的。"

除非研究员从农业部、国家科学基金会和能源部日益缩减的联邦经费中赢得补助，否则他们不大可能研究替代农法，也不太可能调查惯行农法的问题。

就连农业部的计划也偏好惯行农法，那是现有的系统，而且他们得到的大部分资金都是为了改良那个系统，而不是改变系统。即使研究者得到联邦资金，进行再生农法的实验，或研究大规模产业化农业的问题，他们也要担心会不会激怒大学高层，因为大学高层一直处心积虑要企业赞助者继续施惠。

基尔申曼告诉我："问题并不是孟山都这样的公司控制了赠地大学，而是它们一向在暗处。管理者总是保持警觉。"

基尔申曼举他在艾奥瓦州立大学一位年轻同事的生涯为例，说明这种企业压力可能带来微妙的寒蝉效应。生态学家利伯曼有个实验进行了九年，他比较了玉米、小麦两种作物的传统轮作，和三种与四种作物的轮作，结果发现，农民靠着比较复杂的轮作和更多样化的作物，可以减少高达九成的肥料用量，杀虫剂的使用也可以减少将近九成，而且产量相当，农民也得到更多收入。基尔申曼说："大学有自己的公共关系系统，会选择他们要发表什么结果，而他们从来不曾提过利伯曼的成果，直到美食作家彼特曼发现这件事（他是通过忧思科学家联盟发现的），并且在《纽约时报》写了篇文章，大众才知道。"

利伯曼做了另一个研究，探讨大草原鹿白足鼠和白足鼠这两种野鼠的习性。他发现，如果农民不为了春天可以更快播种而在秋天耕耘田地，这两种野鼠就会吃掉田里高达七成的杂草种子，大幅减少除草剂用量。大学的公关系统再一次忽略了利伯曼的成果。

基尔申曼自己的故事则是不那么含蓄的寒蝉效应，事件的导火线是赠地大学里有人以为他们对工业化农业的指责似乎太过了。基尔申曼是北达科他州的哲学家，拥有 1052 公顷的有机农场，也是永续农业的国际领袖。2000 年，他受聘担任艾奥瓦州立大学李奥帕德永续农业中心的主任。他上任后不久，就从校外邀请永续农业的领袖一起开会，邀他们读 1987 年创立该中心的州法令，请他们提出建议，协助中心达成任务。克林顿总统时期农业部主管研究、教育、经济的副部长史道伯直率地说了番话，基尔申曼记得他说："李奥帕德中心显然应该是改变的中心。如果你们要当改变的中心，就必须体认到掌权的人不希望改变。对改变有兴趣的，都是边缘人士。"

基尔申曼欣然接受他的警告。他在充满活力的边缘人士中发现"艾奥瓦务实农民"这一类的团体，这是一群比农民平均年龄（58 岁）还要年轻的人，他们进行实地研究，帮自己和其他人创造更理想的农业。他现在认为他对主流农业组织或许不够注意。他向我承认："我并不是老练的政客。"

基尔申曼做了些似乎会招来怨恨的事，例如召开小型猪肉生产者的会议，不是拥有几百几千头猪、生产大宗商品的集中型动物饲养业者，而是家庭规模的经营者，并邀来大学教授和食物工业的代表，讨论不同猪肉产品的利基营销。三十位农民感兴趣，基尔申曼帮助他们成立了"猪肉利基市场工作小组"，由李奥帕德中心提供赞助。

基尔申曼致电艾奥瓦的"猪肉生产者团体"（这个团体代表集中型动物饲养业者），希望在他们的下一次董事会中和他们谈话，讨论小型生产者的新机会。他说了十五分钟，结束前董事会的主席拍着桌子吼叫。基尔申曼记得他说："你和那些想让我们难看的人没两样！"

基尔申曼认为，工业化农业的大玩家对他在李奥帕德中心的领导越来越不满，于是向大学施压，希望大学做出改变。2005 年，也就是在他上任的第五年，他被解除职务。

不过基尔申曼仍然怀抱希望。猪肉生产者团体先前虽然怀抱敌意，让基尔申曼丢了李奥帕德中心的职位，如今却已经和猪肉利基市场工作小组携手合作了至少十年。基尔申曼除了长期和艾奥瓦州合作，也参与纽约的"石谷仓食物与农业中心"，该中心每年大约雇用十五到二十个实习生投入永续食物栽培。实习生之后常常到独立农场工作，然后建立自己的事业。基尔申曼见证了农民新浪潮如何形成，这些农民采用新农法，拥抱复杂的大自然之母，而这波浪潮将席卷土地。

20 世纪 70 年代，我的公公婆婆想出售家族事业。两人住在卡茨基尔的小镇，买主来自大城市，在某个阶段，我的公公觉得买主想占便宜。他激动地对我和我当时的丈夫说："他们觉得我们是农夫吗？"

我穿过农民市集的时候，时常反复思考这件事。我的公公用"农夫"这个词来暗示愚蠢，艾奥瓦州的农人葛瑞芬确实告诉我，施用农达实在太简单，大可以派猴子去做。不过在市集摆摊的许多年轻农民知道如何把阳光变成芦笋或纽约客牛排，而且乐于把这些事告诉购物群众。他们就像摇滚明星。喔，可能更聪明。

第七章
新伙伴

2012 年 2 月，我到达戴维斯参加"加州牧地保育联盟"的研讨会，那时已是傍晚，斜射的阳光还够亮，足以让我看到城里行道树上挂着的橙色小球。我心想，好呀，圣诞节的城市布置还留着。然后我发觉那其实是柳橙。我在距离这里不过 96 千米的地方长大，却不知怎么忘了加州这个地区的冬末是什么样子。

根据海报，这个研讨会是为牧人、牧场学者、环保人士和有志保护牧地并保持牧地健康的人而开（牧地大约占加州一半的面积）。牛仔帽几乎成了当天必备的行头，但我没戴，觉得自己像没穿衣服，不由得担心各路人马会开始称我为"小女士"。整体来说，这些牧牛人不论男女，态度都很大方亲切。

研讨会发起人千方百计要大家交流，每一餐都指定座位，于是第二天，我发现自己坐的那一桌有位大学的科学家、两个研究所学生，以及几个政府机关的人。我左手边坐了一个"野生动物保卫者"的女士，右手边那位堪萨斯州来的牧人刚刚发表了他自己的保育工作。有一阵子我只倾听同桌人士的谈话，然后我问了野生动物保卫者的穆森盖奇和史普尔（那位牧人），他们五年或十年前是否曾经想象过共进午餐。

穆森盖奇微笑着摇摇头。

史普尔严肃地注视着我，说道："如果我们十年前坐在同一张桌子旁，应该是隔着桌子面对面，而且应该是有一方控告了另一方。"

我不大惊讶。前一年秋天我参加奎维拉的研讨会时，不只听说学界的农业科学家对土壤健康运动没什么兴趣，也听说许多环保人士对这运动的接纳程度并不如我预料中那么热烈。

奎维拉的讲者之一榭尔是"生态农场伙伴"的会长兼执行长，这个组织鼓吹以土地利用提供农村生计、生态系统功能，以及多产的农业。她提到一些气候激进分子对土壤碳积存的想法忧心忡忡，并在之后通过电子邮件和电话为我解释此一分歧。

榭尔说，自从1992年《联合国气候变化纲要公约》通过之后，谈判者（主要是气象学者和能源专家）就对借由土地利用减轻环境变化的策略有偏见。他们的重点是减少化石燃料排放，让能源部门转型。他们不希望那个焦点失焦（即使土地利用造成的温室气体排放占所有排放量的三成），而且不了解或不相信农业确实可以把空气中的碳移走，存在土壤中。

榭尔告诉我："他们认为土地利用太捉摸不定、太复杂，难以处理，相较之下，能源专家眼中的碳显得'单纯'。"

此外，这些环保人士不信任人们可以依据土壤积存贩卖碳权。他们不相信碳可以永久保存在土壤里，即使可以，他们也不相信那样不会造成"泄漏"，也就是别的地方会出现更多产生二氧化碳的活动。榭尔说："他们觉得会徒劳无功，而温室气体排放量高的产业也会找到办法置身事外。对于土地利用业者创造的排放减量和碳积存机会，某些团体还是不乐意充分运用。"

他们的怀疑还可能进一步强化，原因就出在许多农业家怀疑人类活动不是全球变暖的始作俑者，而他们之所以乐意用更好的农法来积存碳，只是因为贩卖碳权可以带来另一种收入。但即使在全球变暖成为终极议题之前，环保人士和农业家顶多也只是小心翼翼地保持距离。

20 世纪 90 年代是冲突最激烈的时候，考古学家怀特那时是美国西南部"山峦协会"的激进分子，他说双方的冲突源于美国早期的保育观念。怀特告诉我："牧人和环保人士有世仇。有人在野外设置了诡雷要对付伐木工和木材采集者，有个炸弹被丢进内华达州土地管理局的办公室。我心想：'天啊，怎么回事？'我觉得我必须做点事。"

因此，当一位关心保育的牧人加入山峦协会时，他又惊又喜，还跟对方一起成立奎维拉联盟。奎维拉在农业家和环保人士中间找出"极端中间"的立场，让两方都投入教育及利害关系一致的计划。怀特说，相对于智囊团，这是"实践"团。

不过怀特本人常常思考这两个团体之间的鸿沟。两方虽然都爱土地，要彼此对话却极为困难。怀特为奎维拉联盟的期刊《复原力》写了一篇论文，追溯美国环境运动的演变阶段，指出环境运动在历史上跟以大地为生的人分道扬镳，以及双方开始互相尊重、联手合作的乐观的新趋势。

怀特写道，1783 年起，美国政府的政策是鼓励公民定居在公有地上，利用这些土地来生产，实践后来称为"命运天定说"的伟大理想。这情况在 1891 年开始改变，格兰特总统在那年把怀俄明州的黄石定为国家公园。九年之后，国会成立了国家森林保护区系统，保护珍贵的林地不被开发，以在未来派上用场。老罗斯福总统在 1907 年把这些保护区的面积扩大到两倍，而在四年前，他才刚在佛罗里达州东部的鹈鹕岛建立第一个国家野生动物保护区。国家公园管理署在 1916 年成立，辖有 35 座公园和纪念碑，到了 20 世纪 90 年代中期，则管辖了 400 片以上的土地。第二次世界大战之后，七千万公顷的公有牧地纳入土地管理局，政府因此扩大了管理的野地面积。

这一切，包括 1970 年创立环境保护局，以及 20 世纪 70 年代的环境法规，怀特称之为"联邦主义者"的保育风潮。这风潮隐含着自负的思维，那就是政府需要扮演保护资源的积极角色，甚至也要保护美国典型大地的野性之美。

不过政府原本被视为公有地的慈悲保护者，到了 20 世纪六七十年代，人民对政府角色的看法却染上了偏见：环保人士气急败坏地发现，政府机关允许人民在公有地上牧牛、伐木或开矿。当牧人和其他人想到公有地工作时，也被惹怒了，因为政府会声称要维护造访自然的都市观光客和环保狂人的利益，并为此限制、控制他们的进出。政府机关没办法再那么有效地管理公有土地，一部分是因为经费缩减，一部分也因为机能逐渐失常，而且抗拒改变。

环保人士和农业家的摩擦跟他们对政府的看法不太有关系，倒是跟他们与土地的关系有关。他们都爱土地，不过原因不同。环保人士觉得公有地（其实也包括其他的野地）最理想的运用方式是不干扰、不开发，健行步道和独木舟出租处等休憩设施或许例外。农业家显然想要在土地上工作。农业的工业化始于20世纪中期，愈演愈烈。许多小农场倒闭，把土地卖给财力较雄厚的邻居，那些邻居则听从政府和学者的劝告，继续扩张。环保人士公正地指出环境退化发生在超级农场成形、下游冲击变得显而易见的时候，不过对许多努力保住土地、留在这一行的农民和牧人而言，环境伦理似乎是太奢侈的事。

怀特也曾经是激进分子，很熟悉环保人士的短浅目光。他在论文中指出，环保人士不顾农村人民生计，会造成几个问题。他们提出的观光与游憩经济发展计划其实有预料之外的负面效应，包括交通拥挤、污染，以及城市往远郊蔓延。而且他们失去了李奥帕德所谓的"土壤在我们脚趾头之间"的感觉，怀特把这句话解读为"人对土地实际运作的深入了解"。李奥帕德是20世纪40年代的环保主义支持者，他总是坚持人类与人类的经济活动是环境的一部分。怀特引述李奥帕德在1935年的演讲："世上只有一体的土壤、一体的植物、一体的动物，还有一体的人类，因此只有一个保育问题，也就是土地病理学。""经济和土地美感的利用可以（也必须）整合，通常是整合到同一片土地上。"

但在 20 世纪 90 年代，环保人士奋力拆开二者，而怀特发现自己被夹在正中间。新墨西哥州的争论很猛烈，环保人士鼓吹禁止公有地上任何形式的伐木，包括收集木柴供家庭使用的传统——西班牙裔村落数百年来一直这么做。怀特说："他们真的对农村人民采取严厉的行动。西裔社群有点抓狂，这也难怪，在他们眼里，这是种族歧视。村民一度把两个环保名人的肖像吊起来。"

1996 年，山峦协会把一份公投案传给成员，呼吁停止在公有地砍伐，后来这份公投通过了。一份禁止在公有地放牧的公投案也差一点通过。怀特投入环保已经很久了，但他有人类学的背景，看待这场冲突的方式更有知识依据。他说："我从学校毕业后，对于人类、文明和历史如何影响土地，想了很多。任何考古学家都可以告诉你，过去的文明对环境有利也有害。缺乏历史观，就不可能成为优秀的保育人士。不幸的是，许多保育人士不这么认为。"

怀特说得没错。某天他打开报纸，发现自己被一位环保伙伴指控为考古学者，仿佛那是耻辱的印记。怀特说："他的意思是，我对文化、历史和人有兴趣，但他只对环境有兴趣。我对这运动的许多不满，就是由此而来。"

现在，怀特觉得中坚守旧派的环保人士和农业家（也就是从来没想过彼此合作的那些人）越来越没有交集。他说："我们其他人已经继续前进了。我们努力让地方的食物系统运作，试图让碳进入土壤，思考再生能源，诸如此类。这个大团体（我称为'21世纪的保育人士'）有许多事要思考。"

这些保育人士包括乡下人与都市人，也包括农业家，以及跟农业的唯一关系是要选什么当晚餐的人，还有替政府组织和环境团体工作的人。他们有不少共通点，但常常缺乏共通的语言。气候变化相关的措辞十分激烈，而且十分政治化。共和党员习惯用负责的方式谈论气候变化，但化石燃料工业资金充裕，发动了活动，矢口否认气候变化。以支持环保出名的一些共和党员说，戈尔进入一个没有政治势力涉足的领域，但是他的党派色彩浓厚，保守派很容易对他提倡的任何事嗤之以鼻。由于大部分的农民和牧人都非常保守，环境激进分子必须谨慎地选择措辞，才能和他们维持友善的关系。

诺姆森是"雉鸡永存"和"鹌鹑永存"组织政府事务的副主席，他发现，鸟儿不飞走，并不代表飞不了。

诺姆森在艾奥瓦州长大，那里曾经有超过121万公顷的大草原湿地，其间散布着各种农地。现在，玉米和大豆的惯行农法占据了那片地域，湿地只剩12100公顷，造成的后果之一是诺姆森和其他猎人珍视的猎禽失去栖地。这些曾经天然的景观消失了，他从此成为环保人士，从20世纪80年代晚期开始，力求每一次的联邦农场法案都顾及保育。

2009年，诺姆森替"雉鸡永存"的电子报写了一篇文章，标题是"全球气候变化对猎人与猎物的必然影响"。他详细说明地景中令猎人揪心的变化：温度上升，雉鸡掠食者的活动范围因此扩大了，羊茅这类入侵物种取代了本土的暖季草及冷季草，而这些草原本会吸引在地上筑巢的鸟类。诺姆森写道："如果你是一颗雉鸡蛋，即使温度只提高一两度，或是筑巢地点的草有点改变，都会影响你的孵化率。筑巢地点的微气候改变加上更极端的气候模式，会使母雉鸡成功孵出一窝蛋的概率变得更难测。"

诺姆森在文末试图动员猎人会员，他指出，他们一向追求的栖地保育可以减轻大气中二氧化碳过剩的问题，并且把碳积存到土壤和植物中。他写道："如果因为全球气候变化，而需要靠着种植草木和湿地复育来除掉空气中的碳，那么'雉鸡永存'在全球气候变化这一行已经有二十六年以上的资历了。"

这可不是他们想听的！这篇文章得到的会员回应超过诺姆森从前发表的任何文章，而且98%都是负面回应。他告诉我："我们有许多户外运动家的价值观和思考都非常保守，这领域显然需要一些额外的教育。"

话说回来，谈到实地的工作（农场、牧场、野地和公园的工作），减缓气候变化的办法，和提高农地利用的生产力、改善水质与空气质量、使野生动物栖地变得更富饶等方法，其实颇为一致。许多环境组织，从野生动物保卫者协会到环境保卫基金、绿色和平，现在都正和农业家合作，培养富含碳的健康土壤。他们只是不谈全球变暖，全球变暖在某些圈子已经成了

"伏地魔"，是"不能说出名字的人"。

这些合作关系之所以行得通，是因为环保人士没有走到乡野，指着那里的人说："我们的水道受到污染，问题在你们。"好吧，有时他们确实会说类似的话，不过不再抱着往日的敌意。举个例，美国自然保护协会的李希特就和各类伙伴合作，降低来自农地的肥料和沉积物中的磷，以免这些磷继续污染威斯康星州的水道。州政府曾经讨论立法要求农民在农地和溪流之间设置缓冲区，但决定不用惩罚，而用奖励的方式。

李希特和科学家合作，精确指出集水区每位农民的耕田释出多少磷，然后找他们讨论。他会提供一些解决问题的建议，例如种植覆盖作物、采用免耕农法、改变肥料的使用方式等，并且提议要协助他们得到联邦的保育金，在两三年期间完成变革。

李希特对我说："他们有些人其实已经想尝试其中的一些农法，但这种办法必须对他们有效。他们想要培养那些土壤，让土壤留在他们的土地上。我们利用这个计划展示我们可以讨论，然后做出改变。"

我和李希特谈的时候，他正在和10位农人合作，这些农人的耕田流出最多的磷和沉积物到佩卡托尼卡河中。9人同意在土地上做些改变，而他和第十人也已约好了要会面。

1946年，一群新英格兰科学家组成了美国自然保护协会。协会最初称为生态学家联盟，目的是拯救生物意义珍贵的私人土地。将近四十年中，该组织的首要目标是买下这些土地，加以保育，或卖给联邦政府保护。到了 2007 年，美国自然保护协会在全球保护了 4816 万公顷的土地，以及数千千米的河流，在美国也协助保护了大约六百万公顷的土地。

但这种方式忽略了地景退化的经济因素，而且未能接纳农地利用的概念。协会在 1990 年买下新墨西哥州的葛雷牧场，这座牧场被视为美国最重要的生态地景之一，之后状况就恶化了。协会计划把这片运作中的放牧地卖给联邦政府，激怒了当地人。他们抗议这桩买卖，而协会听取了意见，没把牧场卖给政府，而是卖给当地的基金会，该基金会的宗旨是运用保育计划维持牧场的运作。

现在，美国自然保护协会和许多环境组织以及怀特的奎维拉联盟，都是以同样"极端中间"的立场运作。正如李希特在威斯康星的做法，世界各地的环保人士和农民、牧人一起坐下来，讨论他们的土地管理难题，寻求能切合环境使命的解决方式。全球各地的意见出现惊人的一致。由这些双赢的行动来看，似乎可以对未来抱着希望。怀特称之为"新土地改革"，我们的实际地景和社会地景以一条重要的线串接，此一改革就考虑到了这条线。在这种新的愿景中，我们可以和自然合作，修复我们造成的伤害。农民和牧人可以过高尚的好日子。我们都可以吃对我们有益的食物，而不是超市里缺乏营养、通常有危险却被当成食物的东西。

自然保育协会在加州持续买地，包括中央谷地沙加缅度河和科森尼斯河沿岸的果园。这里的河流时常泛滥，流水冲蚀，撕碎了两岸的果园。对于急着从这些脆弱的土地得到资金去别处投资的农民而言，这是胜利。而由于自然保育协会复育了沙加缅度河沿岸大约两千公顷的土地，在沙加缅度河和果园经营者的化学药剂之间形成缓冲，让沙加缅度河蜿蜒流淌，因此对环境整体而言也是胜利。河岸边自然产生的侵蚀为灰沙燕提供良好的栖地，这些灰沙燕每年春天会在刚侵蚀的河岸钻洞筑巢。

协会也让一些果园继续营运，出租给当地的农民，邀他们进行实验，用替代方式和化学破坏性较小的方式控制害虫。协会希望帮助农民除去的化学药剂是大利松，这种杀虫剂会攻击神经系统，使鱼类无法正确地导航。协会的果园里，李子农想出如何用费洛蒙——这种昆虫的性荷尔蒙——干扰交配。农民把费洛蒙注入细长的塑料管中，固定在树枝上，让果园充斥交配的信号，迷惑害虫，让雄虫与雌虫更难找到彼此。害虫无法繁殖，对果园的危害就变小了。自然保育协会和农民进行监测，举办户外活动，最后得到政府的整合害虫管理奖励。还有另一个赢家：吃这些水果和鱼的人要担心的危险药剂少了一样。

自然保育协会在加州各处也花了不少心血在固氮覆盖作物上。其试验地让许多果园经营者相信，这种农法不只提供氮给他们的树，也能改善土壤和土壤保水能力，替他们省下灌溉支出。加州长期缺水，有三成的水依赖山区积雪（而气候暖化之后，山区积雪的未来变得很不确定），对这样的一个州而言，任何可以帮助农业家减少径流、让土壤保水的办法，都是极大的恩赐。齐勒克是自然保育协会区理事，本身也是橘农，他说："在葡萄园里，覆盖作物真的很受欢迎。许多人其实用的是有机农法，但不想承认，葡萄酒业在有机这一块太弱了。"

　　自然保育协会和其他环境团体也在处理稻业的相关问题，稻田在加州占据了 20 万公顷以上的土地，在阿肯色州、路易斯安那州、密苏里州、密西西比州和得克萨斯州占了 100 万公顷以上。农民从前除去稻田残株的方式是烧掉。内华达山脉山麓丘陵始于奥罗维尔，我记得我从我们在奥罗维尔的房子俯望沙加缅度河谷，看到谷地上笼罩着厚厚一层烟雾。我记得烟雾带有淡淡的甜味。不过如果你离焚烧处很近，飘着烟灰的空气会造成呼吸系统问题，于是 2000 年当局禁止燃烧残株。农民现在收割之后会在田中放水，让残株在水里分解。

　　波光粼粼的水出现在自然保护协会的稻田之后，居然成为候鸟沿着太平洋迁徙路线前进的路标。大量的鸟类在加拿大和美国北部度过夏天，它们一向沿着祖先的路径，在飞往中南美洲时取道加州的中央谷地，许多就留在那里过冬。不过 20 世纪，中央谷地有 95% 的自然湿地消失，鸟类寻找过冬的家园时，就只剩下一点点珍贵的栖地。浸水的稻田成为淡水的新选择。齐勒克说，它们因此成长到健全的数量，连白脸彩鹮这样几乎绝种的鸟类也是。

　　鸟对于稻农也有意外的益处。它们的粪便把细菌带入田中，产生更多样化的微生物族群，以及更肥沃而富含氮的土壤。美国自然保护协会现在跟稻农合作，在管理农田时更坚定地把鸟类纳入考量，一起实验针对不同鸟种的不同水深，以及分阶段放干稻田，如此就可以一直留一些水给鸟类，也可以形成泥沼地。

然而，让残株在水里腐烂会产生新问题：这种无氧分解会产生甲烷，而甲烷是比二氧化碳强三十四倍的温室气体。这会给稻农带来麻烦，最少也会成为政府严格新法规的箭靶。

吸引环境保卫基金的，就是这种两难。这个组织有三个小组在处理农业议题，以帕克斯特为首的小组做的是科学研究和现场调查，以找出方法从市场方面去解决气候变化的问题。他们整体的目标是在2020年从农业和林业减少一亿吨的温室气体，那大约是每年美国汽车排放温室气体量的四成。

于是，帕克斯特的小组从2007年开始接触稻农，研究对农业和环境都有利的方法。环境保卫基金和土壤学家、水文研究员及系统农艺学家合作，发展出六种减少温室气体排放的农法，其中有四种能减少残株、种子与生长中的稻米在温暖的生长季里和水接触的时间，在那段期间，农作物会排放最多的温室气体，而水鸟恰巧已经离开。有些农法能减少作物生长所需的水量——美国有些地区的农民必须用柴油机抽取地下水，那是他们最大的开销之一，对他们而言，省水就可以省下不少支出。环境保卫基金把这些双赢的农法打包在一个协议中，之后成为2014年春天加州排放交易方案的一部分。帕克斯特对我说："生产者现在可以既种植稻米，又抵消温室气体。"

帕克斯特的小组正在为一种农法拟定另一项协议，这农法不仅能减少排放，而且能从空气中吸收二氧化碳，转化成碳储存在土壤中。该农法采用了地球上最古老的一种低科技农业技术，也就是古罗马的老普林尼在他著作中赞扬的堆肥。

英格汉告诉我，堆肥最近的名声不大好。我很震惊，在我生长的家庭里，堆肥很崇高，可以用在堆肥上的任何东西，都不能丢进垃圾桶。我家的堆肥还不只一堆，客厅外的露台下有三个堆肥箱，各在分解的不同阶段。我喜欢从高高的地方丢下哈密瓜皮和胡萝卜头。果皮常常会打中堆肥箱的木头边，然后四散。胡萝卜头在堆肥顶交错散落。蛋壳有时候会被吹到堆肥箱外。

我父母完全不晓得堆肥对花园为何那么好。两人就像大部分的人一样，大概觉得这种（大部分）分解的植物组织是自然的肥料。不过堆肥的机制其实不是这样运作的。把一层堆肥放在你的土壤上时，基本上是把大量微生物放到你的院子里。那里的所有植物会像都铎王朝的国王一样受到服侍，数十亿微生物热烈地奉献磷、氮和其他营养，换取一点儿碳。

不过英格汉说，堆肥也分好堆肥和坏堆肥。坏堆肥通常是废弃物处理公司用地上修剪物和庭院废弃物做出来的东西（在波特兰，还有厨余垃圾），每天早上，大型卡车会运走这些材料。他们之所以制造那些一般称为堆肥的糟糕东西，不是为了制成珍贵的土壤改良剂，而是为了减少送去垃圾处理场的垃圾量。英格汉说："他们想把3米高的垃圾减少成60厘米高的垃圾，有时候他们会试着把那东西当作堆肥卖给人。他们不该再把那叫作堆肥。那是腐败的有机质，会害死你的植物。"

好的堆肥必须用有氧方式分解有机质。最基本的是收集一堆材料，一些木质或干燥的植物组织（木屑、枯叶，甚至碎报纸），一些绿色的植物组织（草屑），以及少量富含氮的粪肥、豆科植物或坚果，然后堆到大约90厘米高。微生物住在植物组织上、粪肥里和土壤里，然后在堆肥里开始吃简单的碳，排出比较复杂的碳链，并且繁殖。微生物繁殖产生的热，会让堆肥变得温热。

好的堆肥温度会升到很高，杀死病原菌和杂草种子。不过英格汉说，如果堆肥堆的内部达到摄氏71度，就必须搅拌。那些微生物活动都需要氧，如果温度升高到71度以上，表示微生物繁殖得太快，利用氧气的速率会高于氧气透进堆肥的速率。在这种情况下，好氧菌会休眠，堆肥变成厌氧菌的天下。英格汉说，这时候得到的就不再是气味香甜的堆肥，味道不再像可可含量七成的巧克力棒，而是黑黑一堆气味难闻的所谓堆肥，充满氨和恶心的无氧副产物。

好的堆肥可以创造奇迹。伯克利的土壤学家希尔弗和她的学生在加州海岸尼卡西欧附近218公顷的牧牛场做了堆肥效力的研究，这个研究属于"马林碳计划"这个共同研究。他们在土壤撒上1厘米深的堆肥，并且监测实验地三年，观察土表上下的改变。即使不是科学家，也看得出土表上的改变：草生长得茂密翠绿，草料的产量增加了五成。在地下，希尔弗发现土壤里的碳含量也大幅增加。整体而言，六个示范区中植物和土里的碳积存增加了 25% 到 70%，而且这已经扣除了堆肥中的碳。

加州有 2550 万公顷的牧地，希尔弗根据自己的研究，估计如果每公顷的土壤中能额外积存 3.4 吨的碳，那么只要一半的牧地，就能吸收 3800 万吨的二氧化碳，将近加州发电厂一年排放量的四成。希尔弗告诉我："以我们在实验中看到的来看，3.4 吨其实可行。"

希尔弗和她的学生用都市庭院废弃物和农业废弃物（包括粪肥）混合，制成堆肥；把修剪下的树篱枝叶和枯萎的蒲公英老远运到一座牧场，再加入牛粪做成堆肥堆。听起来不大实际，不过参与马林碳计划的环境保卫基金相信，像这样的方式在某些地区可以运作得很好。大城市会产生大量的厨余和园艺废弃物，许多大都市周围环绕着牧地。这些有机废弃物如果丢在垃圾处理场，会释出甲烷，但如果从垃圾处理场运走，拿去做成堆肥施放在附近的牧地上，对温室气体就可能有显著的整体影响。帕克斯特和他的小组在加州把这个成果转成另一个协议，先是让莫瑞斯的美国碳登录用在自愿市场中，之后也用在加州排放交易方案上。不过这不限于加州。加州有五成的土地是牧地，美国全国则有三分之一。如果堆肥在其他地区，在新墨西哥州、科罗拉多州或蒙大拿州也行得通呢？那样的话，在牧地撒上堆肥的规模可能极大。

帕克斯特说："这不是万灵丹。不是任何地方的任何人都能用，不过会是解决问题的一个办法。气候变化的原因很多，解决的办法也必须有几百种。"

帕克斯特急忙补充，这一切的努力之所以可行，是一些科学家终于注意到土壤中的生命，开始新一波的努力。他说："我们最近才真正开始了解微生物、植物、水和碳之间的交互作用，有了这些知识，我们才能计算防止或吸收的排放量。"

环境保卫基金看到建立模式和碳补偿协议的机会，世界野生动物基金会看到的则是影响供应链的机会。世界野生动物基金会有个小组锁定世界各地影响保育的主要商品，其中一种是牛肉。在美国的主要目标则是大平原区北部，那是世界上少数保持原状的草原。大平原为大地披上一层草，范围从密苏里河到洛基山，北至萨斯喀彻温，南至内布拉斯加州的沙丘区。

基金会的尼尔森说："这些草原是因为放牧社群才得以保持原状。我们希望看到这些牧人有永续的事业。如果他们过不下去，离开了那片土地，对保育可能就不那么有利了。"

公寓和玉米田在这年头都价格高昂，诱惑着牧人卖掉土地，或用犁翻起他们土里蓄积几世纪的碳。因此世界野生动物基金会尽量把焦点放在弥补牧人的方式上，这是为了牧人已经在保护的土壤碳，也是为了他们实行改良农法可以庇护的野生动物。世界野生动物基金会有信心可以做到，因为他们身边站着全美国最强大的盟友。

也就是我们消费者。

21世纪初期，颂扬草饲牛的声浪急速高涨。草是牛群演化而吃的食物，相较之下，玉米则是牛在现代饲育场和许多酪农场不得不吃的食物。由于吃谷物的牛群体积增加得比较快，因此大型农场把草料换成谷物。一个研究显示，吃草料的牛增加的重量只有谷饲牛的四分之三。谷饲牛多出的体重会转换成"康尼格拉"和"国家农场公司"这类企业的额外利润，代价却是牛群的健康。玉米会压迫牛群的消化系统，可能导致鼓胀症和其他疾病，严重时可能导致肝功能衰竭。

固定吃玉米、住在空间拥挤的饲育场或狭窄的酪农场，这样的牛很容易得慢性健康不良，于是经营者经常在饲料中加入抗生素。这可能会产生对抗生素有抗药性的细菌，然后经由牛肉传给人类，让我们在生病而需要抗生素治疗时变得不堪一击。

新闻工作者鲁宾森著有《饮食革命》和《完美牧场》，她是最早一批提倡把牛放到牧草地上的人。她的网站 Eatwild 收集的研究都以草饲牛和谷饲牛的差异为题。在这些研究中，转基因组研究中心的研究者测试了美国超市的肉，发现将近半数感染了金黄色葡萄球菌，这种细菌和几种人类的疾病有密切关系。这些肉里的金黄色葡萄球菌对三类抗生素有抗药性。转基因组研究中心的网站写道："拥挤的工业化农场持续喂动物吃低剂量的抗生素 …… 对经由动物进入人体的抗药性细菌而言，那里是最佳温床。"

另一方面，牧草地饲养的牛群生产的肉和牛奶，似乎对健康有一些好处。鲁宾森回顾科学文献的研究，指出几种主要的好处。

牧草地饲养的牛可以到处走动，牛肉整体脂肪与热量含量都比较低。更重要的是，放牧牛群的脂肪质量非常不同，omega-3 脂肪酸的含量是谷饲牛的二到四倍。鲁宾森写道，这些脂肪来自牛吃的草（就像野生鲑鱼的 omega-3 是来自食物链较低层的鲑鱼猎物吃的绿藻），"在你体内的所有细胞和系统都扮演重要的角色"，而且有许多健康益处，包括降低多种心脏疾病和癌症的罹患率，忧郁症、思觉失调、注意力缺失症和阿尔茨海默病的发病率也比较低。

牧草地饲养的牛群产生的牛肉也含有较高的维生素 E，可能有抗老化的特性，并且能降低罹患心脏病和癌症的风险。牛肉和乳制品也是另一种好脂肪"共轭亚麻油酸"已知的最佳来源。鲁宾森写道："共轭亚麻油酸可能是我们最有效的一个抗癌办法。在芬兰的一个研究中，饮食里共轭亚麻油酸含量最高的女性罹患乳癌的概率比最低的女性低了六成。从谷饲牛改成草饲牛的牛肉和乳制品，女性就能转换到风险最低的那一组。"

挑剔的消费者和健康饮食的精神导师开始吵着要草饲牛肉的时候，许多牛肉生产者发现居然有人希望他们回头用父亲和祖父的方法，非常错愕。奎维拉联盟的怀特告诉我："鲁宾森是我们早期一场研讨会的讲者，她的演讲引起不少争议。一位牧人说：'你不能那样说饲育场！'五年后，他自己也在养草饲牛了。许多保守、倔强的牧人曾经说他们绝对不干，现在都反悔了。"

草饲牛的生肉和乳品售价较高，农业家因此愿意把牲畜放回牧草地上，于是主要源于都市的食物运动也开始协助乡间绿化。世界野生动物基金会希望这个趋势有更丰厚的附加奖励。我和尼尔森谈话的时候，这个组织已经在蒙大拿州召开第一场会议，参与者有蒙大拿州规模最大的一些牧场经营者、麦当劳和沃尔玛这些感受到消费者压力的零售业者，以及全国牧牛人牛肉协会这样的大型产业团体。这个会议和之后的会议其实瓦解了从牧场、包装者、处理者到收款机的零售链，目的是为生产全程都达到特定标准的牛肉建立一个认证方案。

财务的报酬通常是环境阵营吸引农业家投靠的诱因，然而思变的人心常会做出意料之外的善行。

我在戴维斯参加的研讨会，是由加州牧地保育联盟主办。2005 年，意想不到的联盟一起成立了这个团体。一方是野生动物保卫者协会，他们试图保护季节性湿地，这是短暂存在的湿地栖地，主要出现在草原中，一般是由春天的径流和融雪形成，入夏就干涸。季节性湿地有水的时候是重要的生态系统，无法在有鱼的水域里生存的两栖类和昆虫就以此为家园，然而加州各处的季节性湿地却逐渐被推土机推平，开发成住宅。野生动物保卫者协会希望加州的鱼类及野生动物署保护这些脆弱的地区，而这个机构建议他们在放牧社群中寻找盟友。牧人也担心开发者会把土地价格炒到高得吓人，把草原逼上死路，威胁他们的生活方式。

牛群难道不会危害脆弱的栖地？这显然是环保人士普遍的认定，不过美国自然保护协会的科学家马蒂在 2005 年发表的研究却显示事实不是如此。马蒂在三年间观察到放牧其实会把土地从入侵的植物手中夺回来，让季节性湿地变得富饶。她比较没有放牧和持续放牧的草原，发现在没放牧的季节性湿地上，一年生入侵植物的覆盖面积高出 88%，原生植物的覆盖面积则少了 47%。没放牧的情况下，原生植物的物种丰富度下降了25%，水生昆虫的多样性也低了 28%。整体而言，如果没有放牧，这些转瞬即逝的湿地有水的时间会下降 50% 到 80%，住在里面的一些物种因此无法完成生命周期。加州野生动物保卫者协会计划主任戴菲诺说："若没有科学指出妥善管理的放牧其实有益于我们想保护的植物群落和野生动物，我们（的合作关系）不可能发展下去。"

于是这两个团体开始小心翼翼地踮着脚走向对方。第一次正式的聚会是在加州桑诺一座牧场的烤肉会，参与者包括牧人、野生动物保卫者协会、环境保卫基金、濒危物种联盟、加州牧牛人协会、美国林业局等。牧人库普曼告诉加州大学戴维斯分校的校刊说："前三十分钟，看起来像八年级学生的舞会，男孩女孩各站一边盯着对方。只不过我们当时是环保人士靠着一面墙站着，牧牛人靠着另一面墙。但之后我们终于开始谈话，而且知道事情可以成功。"

现在，他们自称"牛仔靴与勃肯鞋帮"，每年办一场研讨会，探讨放牧的环境利益，以及对环境最有利的放牧方式。他们一同把保育款发给杰出的牧人，推动国家与联邦立法支持保育与牧牛产业。他们的合作关系非常稳固，牧人和环保人士现在甚至可以提出从前会让他们交恶的议题。戴菲诺对我说:"狼从俄勒冈州进入加州。我们设法和放牧社群谈如何处理这个问题,跟他们谈这件事很容易,跟我们在怀俄明州、蒙大拿州或爱达荷州的同僚谈还比较难。"

堪萨斯州的牧人史普尔告诉我,十年前若要他和野生动物保卫者协会的穆森盖奇同桌而坐,只有一个可能:有人要控告对方。他这番话不是出于自己的经验。他是第一代牧人,对环保人士或许没有祖先流传下来的怀疑,也从不反对保育。他只是要确认自己会得到报酬。

史普尔说:"我以前是在商品的层次思考。我拥有东西、我利用东西、我赚钱。如果要我保育,没问题,不过你要付我多少钱来保育?我能从中得到什么好处?"

不过 20 世纪 90 年代末,他来到一块从亚利桑那州东南部延伸到新墨西哥州西南部的三角形土地,在那里,火灾把宿敌变成了同伴。20 世纪 90 年代早期,林业局不顾地主的反对,紧急扑灭了私有地上延烧 202 公顷的野火。林业局的政策是扑灭所有火灾,但牧人和一些科学家认为火是生态系统的自然特性,抑制火灾会导致灌木占据大部分的草原。放牧社群的领袖先前已经开会讨论其他的问题,包括令怀特大为苦恼的公有地放牧争议。和林业局的冲突使他们了解到,单凭绝不妥协的政策是没有用的。"马尔佩边陲小组"应运而生(名字取自该地区的火山岩),这个开创性的联盟由牧人、科学家、保育人士、政府机关人员和忧心忡忡的公民组成。牧人麦当诺是团体的一员,他想出"极端中间"这个名词，在今日感召、鼓舞了美国各地类似的团体。

在那之后，史普尔改用他所谓的"群落保育"。他说："一切都属于群落。我是群落的一部分，你也是，牛群也是。空气、土地、蚂蚁、蜥蜴都是。整体概念是用地景的尺度来实践保育。野生动物和干净的空气不知道牧场的界线在哪里，也不知道堪萨斯州在哪里结束，内布拉斯加州从哪里开始。"

史普尔觉得他最后会从这种观点中得利——只要田野生机勃勃，他的牛就会更健康。但有时他愿意为群落的利益亏点钱。他像他那一区的许多牧人那样，每年烧掉草原，让一岁的小公牛有新冒出的草可以吃，他养这些牛 90 天之后，就会把它们送到饲育场。如此一来，他的牛每天可以长 100 ～ 150 克的肉，90 天之后积少成多，让他的银行账户多出一笔可观的金额。

另一方面，烧掉所有的草，去年在旧草间筑巢的鸟就会失去栖地。草原鸟类的数量逐渐下降，他怀疑其中有些关联。于是他改变每年焚烧的方式，交错留下一块块枯草给鸟类。

史普尔对我说："我的支票簿受到一点冲击，不过我能承受。健康不只是我支票簿里的数字，也是坐在篱笆上看着我的那只剪尾王霸鹟。"

第八章
地下的英雄

我写这本书的过程中，不论是和农民、牧人或科学家谈话，都一再注意到，我们在谈论世界时，时常少了一种特质。起初我误以为是快乐，也就是做自己喜爱的工作那种单纯的喜悦。

　　不过不只是这样。缺少的其实是乐观。

　　这是我与土壤健康先知会面的心得，我把这观察告诉了唐诺文，也就是钢琴调音师、土壤科学自学者与土壤碳挑战的领导者。

　　他说："那和最强大的地质力量有关，也就是生命。我们视为物理环境的，其实大多是生物长期创造的结果。还有个想法是，在星球上，生命是脆弱的过客。这两种想法是不同的典型。"

　　他说这些话时，我们正坐在他的校车里。校车停在穿过农场的泥土地上，车盖上长着草，田野的牧草地生气勃勃，羊和牧羊犬传来隐约的嘈杂声，科瓦利斯农民市集令人期待的农产品交易即将展开。我喜欢生命不屈不挠且持续创造的想法，在农民市集，很容易就觉得自己正被这种想法包围着。

不过回到城市以后呢？

我们常常觉得城市是死亡地带，是水泥丛林，而我们人类是其中唯一的生命，沿着我们各种交错的轨道运行着。此外还有因我们而兴旺的老鼠、鸽子和蟑螂。不过城市其实也有丰富的生命。纽约市米尔布鲁克卡瑞生态系统研究中心的微生物生态学家格罗夫曼说，都市土地之中只有二成真正不受任何生命影响，其他的八成是自然或半自然。他从 1998 年开始在巴尔的摩的研究站研究土壤和水。国家科学基金会提供资金给 26 个长期生态研究站，巴尔的摩正是其中之一。他说："都市地区其实有许多植物、动物，也有许多生态功能。都市地区有许多土壤功能。"也就是培养碳，防止氮和磷被冲走。"对我来说，这是非常正面的信息。"

我其实不需要格罗夫曼告诉我这件事，我从来不觉得城市是无生命地带。过去二十年，我早上一直沿着相同的路径遛狗，先是在克利夫兰，现在则是波特兰。路程固定至少有两个好处：我从来不需要思考自己要往哪去，脑袋就可以胡思乱想，而我的脑袋时常胡思乱想，赞叹我周围的院子、公园、行道树绿化带和排水沟每天的改变。

不久之前，我才看过橙色的罂粟花在春天绽放、凋谢，然后由粉红心福禄考接棒。树木开花结果，有时后代多到树木无法承受，结果是树枝断裂，果实散落，在人行道上被人们踩成带酒味的一团褐色烂泥。感觉才不过一个月，从人行道裂缝突然冒出头的杂草就长成树苗高的向日葵。一块空荡荡的停车场长满甜豌豆、菊苣和野茴香，我的狗一滚过就香喷喷的。接着那块地被整平了，花朵被罐头和乱丢的塑胶叉子取代。

我满心好奇，想知道我得到土壤神奇生命的知识后，可以如何运用在都市的环境里。在克利夫兰，我和我的狗会经过一些大房子，房子周围是造景庭院，一到园艺季节总会传来恶臭——卡车来喷洒草坪用的化学药剂了。一下雨，泥水常形成径流，在人行道留下一层光滑的"巧克力"。我在那块讨厌的土地上寻找土壤裸露的证据，例如没覆盖的花床、种在一圈裸露土壤里的树木，以及清理干净的菜圃。我想像这些裸土里困苦的土壤生物尖叫着："救救我！"就像电影《异形奇花》里那些贪婪的植物。对土壤里的生物而言，这些不毛的区块是食物沙漠。

波特兰沿着许多街道挖了草沟，导入径流。不过我在大家的花园里还是看到相同的惨状。另外，波特兰人对砂砾有着令人发指的爱好，整个行道树绿带，甚至整个前院都覆满石头。或许是因为植物太麻烦了，或是因为大家觉得砂砾比植物的根更能抵御侵蚀？

格罗夫曼和其他科学家认真研究都市里的生态系统功能。都市农业的趋势令他兴奋：在克利夫兰这样的地方，贷款人失去土地抵押品的赎回权后，农场纷纷冒出，不过从前被忽略的那八成土地也令他兴奋。他说："人们管理这些地。我们住在那里、在那里工作。如果我们知道这些地方是怎么运作的，就能改善或改变那样的能力，达到特定的目标，不论是吸收水，还是用碳储藏调节气候。这是用我们的知识达到特定目标的绝佳机会。"

难就难在我们对那八成土地的要求，我们希望都市的花床在范围明确的小小一块面积里塞进种种美丽，我们希望草皮够耐用，禁得起狗、小孩还有成人带着各种东西（从婴儿车到足球）在上面摧残。一直以来，我们被说服了要达到这些目标，就需要合成化学药剂和一堆非常耗油的工具。

但正如农业世界推崇先驱和异数，都市世界也一样。弗莱雪正是其中的一员。他是纽约炮台公园"市公园保护协会"的园艺主任，以有机方式管理公园14.6公顷的土地，不使用合成肥料和杀虫剂。他的工作很严苛，他的成果不但必须令大众满意，还必须禁得起大众摧残。按公园最新的官方计算，这座公园每年有多达1500万的游客，不过弗莱雪说他们推测现在的游客人数可能高达2500万，这表示地面受到不少运动鞋和凉鞋冲击，尤其是在运动场。就连地铁的震动也会使土壤压实的情况恶化。不过弗莱雪和他的员工不用合成化学药剂，就使植物茂密迷人。

他们的方式是尊重植物和土壤生物之间古老的协同作用。他们每年测试公园的土壤，检验土壤生物的组成。若是有问题的区域，测试的频率更加频繁。如果有任何关键成员不见踪影，弗莱雪会用公园的废弃物质制成不同配方的堆肥和堆肥液，把这些关键成员重新带回土壤中。他强调，他做堆肥并不是为了减少废弃物，或是省下雇人清除废弃物的费用。他说："为了把这些东西清掉而做成堆肥是一回事，产生可以供给土壤养分循环的东西，又是另一回事。"

即使土壤里有大量细菌和真菌在搬运养分，也得有掠食的原生动物和线虫吞食细菌和真菌，再把那些珍贵的养分排泄出来，变成植物可以利用的形态，植物才能取得这些养分。弗莱雪和他的团队发现他们可以用某些方式处理堆肥，让这些掠食动物的族群变得更庞大：比较温暖、干燥的堆肥能产生大量的线虫；温度较低、较湿的堆肥则会让原生动物的族群欣欣向荣。他们在施肥之前把堆肥和堆肥液放到显微镜下，确认里面有什么。有了这样的精准度，他们就可以补充土壤不足的化学物质。

弗莱雪用有机方式管理公园，使植物更健康，土壤也更健康，而且提升了土壤的保水能力。这表示灌溉的需求降低，而且豪雨不会把游乐场变成池塘。他们改良的健康土壤会迅速吸收水分，把水分留住很长一段时间。

改变缓慢得令人沮丧。说真的，大型都市公园的管理者为什么不都这么做？不过弗莱雪的影响正在扩散。2008 年，他在哈佛设计研究所担任一年的洛布基金会会员，帮助哈佛的景观人员在校园的试验地施行有机方式。测试极为成功，哈佛现在就用有机方式管理 34 公顷的土地，用试验地和自助餐厅与学生餐厅的厨余做堆肥与堆肥液。2009 年，蕾佛在《纽约时报》的一篇文章里报道了哈佛校园的土壤。那里的土壤每天有几千人经过，一度压实到树木几乎活不下去。现在土壤健康，土壤结构健全，树根有充足的空间伸展，吸收水分、氧气和养分。景观人员还用当地的堆肥液拯救一座受到叶斑病和苹果黑星病侵袭的老果园。

弗莱雪协助推动波士顿"罗丝·肯尼迪绿廊"的有机化，现在则协助普林斯顿大学做有机转型，美国各地的都市景观管理者或许有了追求有机方式的新动力。格罗夫曼告诉我，东部的许多城市正在制订树冠目标（纽约市打算多种一百万棵树），原因是树冠可以让都市冬暖夏凉、过滤空气中的污染，而且还很美！

他说："树木有许多生态系统功能，城市想要种更多的树。要达成这个目标，基本上必须了解城市土壤的状况，了解要如何改善才能让植物生长。他们不能对土壤过度施肥，否则会造成更多的水污染和空气污染。"

我今天早上散步的时候，经过一片被阳光晒到褪色的绿化带（几星期没下雨了，许多波特兰人在夏天就这么让草坪枯掉），上面种了一株小树。一块椭圆形的泥土嵌入细瘦树干周围的草地上，屋主花了点工夫移除了那上头的草，露出的土壤又硬又扁，像块砧板似的。我的第一个念头是，那棵树不太可能活得成。不过格罗夫曼在巴尔的摩的研究让他得到一些惊人的结论。他跟我说："我们认定草坪是生物沙漠，其实不然。我们采集了深达 1 米的土心样本，发现不少看起来很自然的土壤剖面，而不只是压实的土壤。那里头有许多根、许多生物、许多碳，还有超乎我们预期的环境表现。"

我们或许可以在一个街区之外嗅到草坪上化学药剂的味道，不过这未必表示有很多人在用化学药剂。格罗夫曼发现，屋主管理草皮的方式并不如我们以为的激烈。他的调查显示，只有大约半数的屋主会在草坪上施肥，而且施肥的频率大多不高。

他告诉我："有些人很守环境伦理，不希望增加环境中的杀虫剂、肥料和除草剂。还有一个原因，单纯就是懒惰，这么说是因为没有更好的讲法。人们就是勉强做点事，让草坪看起来够漂亮，不要让邻居看了碍眼就好。"

化学药剂用得少了，就不会有某些植物像打了药一样拼命生长，还杀死其他植物，于是草坪土壤线的上方与下方都成为多样性更高的环境。就像在自然界以及管理良好的农场和牧场一样，这样的多样性维系了植物与土壤生物之间古老而高贵的合作关系：植物从大气中捕捉二氧化碳，分解成碳，让土壤生物在地下妥善利用。

美国大约有八成的屋主拥有草坪。既然有那么多因素在影响我们的世界，我们如何管理自己的草皮，看似对整体状况没什么影响，不过我们的草皮也能积少成多。草坪是美国最大的灌溉作物，玉米是第二，而草坪占据的面积是玉米的三倍。我们对都市绿地所做的事确实很重要，不论是我们的院子里、公园里，甚至公路分隔岛上的绿地。

有五成的屋主不用合成化学药剂，那么，他们管理的草坪是否没那么好看呢？答案取决于观看的人。史崔迈特接手伊利诺伊州皮奥里亚的路希植物园之后，默默改用有机方式。草皮开始长出苜蓿，而路希的游客眼睛够尖也够挑剔，于是提出批评。不过史崔迈特很快就说服了他们，他解释道，苜蓿是豆科植物，有了苜蓿，草皮就可以利用氮，员工就可以不用肥料。让苜蓿在草之间生长，大众就不会接触到合成化学药剂，还能省下经费，把钱用在其他计划上。

史崔迈特对我说："开始改变之后，花费可能变高一点。不过这是在建立长期的土壤生态系统，未来的花费会剧减。"

路希植物园的转型太成功，史崔迈特现在开班授课，教屋主如何改变他们的院子，让土壤变健康。他指出，许多看来很新的观念（例如不用化学药剂照顾草坪，甚至用集雨桶），其实都是旧有的做法。单一栽培的草坪开始流行之前，苜蓿其实会和草皮一同种植，这样的景象能让屋主确定他们的草坪很健康。后来美国人受到景观化学药剂公司营销的影响，才开始觉得草坪看起来应该要像奥古斯塔高尔夫球俱乐部的场地。

史崔迈特说："我告诉大家，他们又没有要主办高尔夫球名人赛。不需要在草坪上浇那么多水、用那么多化学药剂、费那么多工。就是用不着。"

史崔迈特也指导屋主在院子里做一些事，让土壤更健康，而这些事和改革派农民和牧人在土地上培养土壤健康的步骤是一致的。他提议把花床设计为最高的生物多样性和密度，包括在春天与秋天开花的灌木、多年生草本植物和鳞茎植物，其中混杂了一些一年生和两年生的植物。他建议塞些豆科植物进去，以增加土壤里的氮。这些景观植物都会用不同的碳分泌物喂养地下的微生物，确保地下也有多样化的生物欣欣向荣。密植不只能增加分泌物的量，也能保护土壤不受侵蚀，避免碳流失。史崔迈特尽可能用天然植物群落的样貌来组合植物。他认为，这些植物会长在彼此的附近，可能不只是偶然，而是因为这样对彼此是有益的，只是我们还不知道其方式是什么。

史崔迈特不用除草剂，而是建议拔草，并且在大面积杂草上覆盖厚重的"千层面"堆肥：一层褐色或干燥的东西（例如枯叶和报纸）、一层绿色的东西（例如割下的草和修剪下的枝叶），交错相叠，这是阻碍杂草、维持土壤湿度、增加生物活动的简单办法。他劝告除草的高度不要低于 6.4 厘米（炮台公园最低到 7.6 厘米），以保护草皮植物，阻碍杂草生长。还有，设计菜园的时候，用不着把种子或菜苗种成细长的小排，中间隔着宽宽的裸土！相反，史崔迈特鼓励园艺家大量播种：一平方米、一平方米地散布种子，而不是播成一排排，如此一来，生长中的植物就能完全覆盖光秃的土壤。我在我小小的苗圃这么做过，想要收成的时候，只剪去生长中的细小芝麻菜和羽衣甘蓝，把根留在原地，给我地下的微生物群落收拾。小黄瓜在我的西红柿株周围生根，似乎在西红柿的遮阴下长得很开心。我从来没把我的蔬菜种得这么密，但似乎有效，这一天然丛林的收成很好。

我用我自己谦卑的方式，努力当地下的英雄。只要照顾好身边的土地，支持会照顾土壤的农业家，监督会影响世界各地土壤健康的政治风向，我们都可以是地下的英雄。我们必须注意农场法案！那是美国食物政策最重要的缩影，食物如何栽植、农业如何影响大环境，以及这一切的受益者是谁，都会深受农业法案的影响。受益的会是消费者和一般农民，还是农商企业？这让人更重视关怀社会联盟、食物与水观察组织、环境工作小组与国家永续农业联盟等组织的工作，那让我们得以了解农场法案和其他食物政策措施背后的争议，而这些若要靠我们自己去摸清，实在太困难。有了这些知识后，就尽可能采取行动，打电话给我们选出的民意代表、投票、抗议，什么都好。

我们能和自然合作（以及自然界里所谓的低科技，只不过复杂与精巧的程度还是超过所有的人类产物），把人类造成大气超载的二氧化碳拉出来，在土里善加利用吗？我们能及时逆转全球变暖，让我们的孩子有美好的地球吗？

有太多聪明的人在为此努力，因此我很乐观。在我完成最后这一章的时候，唐诺文刚好寄了份简报给我，那是新墨西哥州立大学永续农业研究中心对新墨西哥桑迪亚国家实验室所做的介绍，而那或许是目前为止在这主题中最令人兴奋的科学知识。

研究始于该大学的分子生物学家强森为美国农业部进行一场实验，希望能用牛群粪肥制造低盐堆肥（牛粪显然含有盐分）。强森夫妇最后确实研发出低盐堆肥，不过其实不确定为什么盐分会较低。强森研究的假设是，他们用一种特别的"免搅拌法"制造堆肥（制造堆肥时若温度过高，大多会搅拌，以免变成无氧状态），这么一来，真菌群落就能不受干扰、生长旺盛，但同时堆肥又有足够的氧气给益菌生长。他认为真菌可能吸收盐分，保护了植物。

强森接着在一间温室用辣椒测试了低盐堆肥和其他八种堆肥的表现。他注意到辣椒加了堆肥之后，生长力加倍。他的工作这时开始变得有趣了。当他分析是哪些因素影响了这些温室植物时，发现一般认为植物生长必需的养分都不是最重要的因素，特别是氮、磷、钾，也就是传统合成肥料的主要成分，这些养分自然存在于所有堆肥之中。即使土壤有机质，即土壤中岩石以外的成分，从笨重的植物与动物组织到高度浓缩的腐殖酸，也不是主要因素。强森的堆肥里没有其他堆肥中的优势细菌群落，只有平衡的健康真菌与细菌群落，而辣椒之所以能长得那么好，就是因为平衡。由于一般的土壤试验只检视土壤的化学性质，而不检视生物层面，因此不会发现这一点。

强森被激起好奇心，于是和新墨西哥州立大学的昆虫学家艾灵顿及工程师伊顿合作，把这个研究移到室外的试验地，在那里培养了土壤生物，这次是用覆盖作物。他们没整地就重新种植，把新作物种在上一季覆盖作物的残株之间。两年之后，土壤有机质跃升了67%，土壤的保水力激增了30%以上，在这么干旱的气候中，这很了不起。最佳示范区产生的绿色物质，是全球生产力最高的生态系统的四倍。

强森告诉我："我们让大家看到，我们改善了土壤中真菌和细菌这些微生物的群落之后，就能更快种出更多、更好的作物，加进土里的水更少，而碳积存是锦上添花。"

新墨西哥州立大学的研究显示，土壤真的能拯救我们，而且比任何人想象得更快。这些示范区因为植物和土壤生物的交互作用而变得非常肥沃，里头的植物从大气中吸收了碳之后，通常会把其中 72% 输送到土壤中。更惊人的是，和土壤生物虚弱、受到摧残的土地比起来，这里固定在土壤中的碳多得多。研究者原先以为微生物一增加，就会有更多二氧化碳从土壤中散逸，结果微生物的呼吸率却下降了。这表示土壤的碳储藏是以非线性的方式加速。

强森解释这种现象时，建议把培养土壤碳所需的能量想象成让飞机离地的能量。起先需要投入大量的能量，才能让飞机升高。但飞机一旦升空，阻力就会降低，就一飞冲天。同样，土壤微生物的族群一旦建立起来，种植作物和培养土壤碳的效率都会提升。

说来奇怪，我们都被灌输一种观念：植物只会掠夺，取走土壤中的养分，让土壤变得更贫瘠。然而只要允许植物和土壤中的同伴合作，植物就是施予者。植物会用碳分泌物喂食细菌和真菌群落，使它们欣欣向荣，而细菌和真菌能从岩床、粉砂、黏土这些颗粒之中吸取矿物质养分，因为它们知道（假设这个词可以用在没有脑部的生物），它们会因为施予而受益。土壤的掠食生物吞食细菌和真菌之后，这些养分都会释放到植物附近。资源一定够，只要人类或其他力量不去扰乱这个系统。

　　强森和新墨西哥州立大学的研究者得到一个结论，那或许会让世界各地的气候激进分子感到难为情。他们对桑迪亚提出了一份报告（报告所属的计划是要查出火星的好奇号探测车的碳测量装置是否可以在地球迅速准确地分析土壤碳），指出"以我们目前在这个系统中观察到的生物量产生速率，每公顷土地可以捕捉 112 吨的二氧化碳，因此只要不到 11% 的全球农地，就足以抵消人为二氧化碳排放。全球随时有这两倍面积的土地在休耕"，这表示，全球农地（通常没在使用的土地）只要有 11% 把土壤微生物群落改善到强森和同事做到的程度，土壤中碳积存的量就会抵消我们目前排放的所有二氧化碳。

　　这样的主张令人难以置信。

　　我问强森："你不怕说出这种事吗？你不怕说出来之后，会为石油和天然气公司解套吗？还有烧掉森林的人，以及留下庞大碳足迹的所有人？你不怕吗？"

　　我仿佛听到电话那头的人小心翼翼地耸耸肩。他说："我完全看不出有什么办法能像这种方式这么有效，何况还有那么多益处。我们太依赖石油和天然气，短期内不会减少二氧化碳排放，而其他国家渴望我们的生活方式。重点是得到某种现在就有效、全球都可行，而且能显著减少大气中二氧化碳的办法。"

　　他补充道，在科学上目前还不确定从大气中移除二氧化碳是否就能扭转气候变化，我们从来没成功过。即使最理想的模式也可能出错。他说，虽然这么说，但不试试借着培养健康的土壤来达成，就太愚蠢了，因为这样也能改善植物的生产力，减少我们消耗的水，减少正在耗竭的天然资源用量（例如石油和磷），降低农业对环境的冲击。回头来看许多替工业化农业辩护的人提出的问题：我们该如何喂养 90 亿人？答案是：我们先喂养我们的微生物吧。

我们似乎有能力减少我们的二氧化碳遗留量。二氧化碳遗留量不只实际存在，也是心理负担。这是国家意志与优先级的问题。我们只能跟植物和土壤微生物合作，才能达成这一目标，而植物与土壤微生物早在文明的黎明时期就已经跳着奥妙的舞蹈。我们不能一直当那个打断舞蹈的蠢蛋，不断把其中一个舞者撞开，还觉得我们能改善它们的舞步和舞姿。这样的笨拙令我们吃尽苦头。我们必须退后一步，注意这些舞者需要我们做些什么，然后满怀敬意地提供帮助。